吸引力旋涡

遇见生命中的每个奇迹

汀雪健 编著

中国华侨出版社

图书在版编目(CIP)数据

吸引力旋涡:遇见生命中的每个奇迹/江雪健编著.
—北京:中国华侨出版社,2011.8(2015.7重印)
ISBN 978-7-5113-1575-5-01

Ⅰ.①吸… Ⅱ.①江… Ⅲ.①个人-修养-通俗读物
Ⅳ.①B825-49

中国版本图书馆 CIP 数据核字(2011)第 136375 号

吸引力旋涡:遇见生命中的每个奇迹

| 编　　著 / 江雪健
| 责任编辑 / 梁　谋
| 责任校对 / 李向荣
| 经　　销 / 新华书店
| 开　　本 / 787×1092 毫米　1/16 开　印张/18　字数/285 千字
| 印　　刷 / 北京建泰印刷有限公司
| 版　　次 / 2011 年 9 月第 1 版　2015 年 7 月第 2 次印刷
| 书　　号 / ISBN 978-7-5113-1575-5-01
| 定　　价 / 33.00 元

中国华侨出版社　北京市朝阳区静安里 26 号通成达大厦 3 层　邮编:100028
法律顾问:陈鹰律师事务所
编辑部:(010)64443056　　64443979
发行部:(010)64443051　　传真:(010)64439708
网址:www.oveaschin.com
E-mail:oveaschin@sina.com

前　言

有一种我们看不见的能量,一直引导着整个宇宙规律性地运转,正是因为它的作用,地球才能够在四十几亿年的时间里保持着运转的状态。

也正是因为它的作用,太阳系乃至整个宇宙中,数以亿计的星球,都能相安无事地停留在各自的轨道上安分地运行。这样一种能量引导着宇宙中的每一样事物,也引导着我们的生活,这种能量就是——吸引力。

有一种我们看不见的能量,一直引导着我们的命运规律性地运转,正是因为它的作用,让人与人之间的命运参差不齐、落差极大。

也正是因为它的作用,你将会拥有你心里想的最多的事物,你的生活,也将变成你心里最经常想象的样子。这就是吸引力旋涡,一股神奇的吸引力能量。

对于我们国内读者来说,作为一个术语,"吸引力"是一个新生事物,不过仔细一思考,在我们古人的哲学思想中,就随处可见这种"吸引力"。比如说古人所说的"天人合一",按照"吸引力"来解释,那就是人的思维振动频率和宇宙能量之间的感应;古人说的"物以类聚,人以群分",用"吸引力"来解释,那就是人与人之间"磁场"的互相吸引;古人说的"近朱者赤,近墨者黑",用"吸引力"来解释,那就是强势磁场对弱势磁场的影响力;"相由心生,境由心转",用"吸引力"来解释则是人的"念想"对外部环境的作用力。

可见,"吸引力"是一种自然法则,一股客观存在的力量。它无好坏之分,但有强弱之别,它只是接受你的思想,然后以生命体验的方式,把这些思想回放给你。

生命中的种种关系是汇聚而来的,当你明白吸引力法则的运用,你会觉得自己宛若磁铁,把所有你想要的关系吸向自己。不过,它在发挥作用时,不仅所有美好的事物会被吸引过来,那些不太美好甚至丑恶、有害的事物也会被吸引过来。如何只吸引好的,摒弃没用的和有害的事物?这正是你能从本书中学到的秘密。

只要你能把书中的这些法则灵活运用到生活之中,你就会发现自己内心的能量在一天天加强,你能感知到自己像块被开启的磁铁,吸引越来越多的人和事。以前的梦想,很多敢想不敢做的,现在你可以付诸行动。很多的新朋老友,你不用费神,他们自己会靠近你。

感受和善用吸引力旋涡的力量,你会坚信,事情永远比你想象的更轻松、更有趣、更无风险,也更简单!包括你要的智慧、人缘、好运、梦想、财富、爱情及心想事成的人生……

目　录

第一章
发现吸引力的秘密，心想事自成

　　我们想要什么，现实中就会出现什么，这是为什么呢？难道我们是魔法师，我们会巫术？如果不是，为什么我们想要什么就会出现什么呢？

　　其实，我们根本不是魔法师，也不会巫术，一切的原因都是因为吸引力法则在发生作用。我们想要什么，吸引力就会吸引到什么；我们不想要什么，吸引力就会抵制什么。只要我们善加运用，吸引力法则就会在我们身上产生神奇的效果。

01 你应该知道的秘密：吸引力法则 ………………………… 2

02 每个人都有一种磁场 …………………………………… 4

03 想什么来什么，不只是运气 …………………………… 8

04 认识你的潜意识 ………………………………………… 12

05 利用心灵的力量 ………………………………………… 14

06 相信自己，才能创造奇迹 ……………………………… 18

07 不要怀疑，相信就会拥有 ……………………………… 21

08 感恩，让吸引力更有味道 ……………………………… 24

09 意念是吸引力的先行 …………………………………… 27

第二章

丢掉排斥和恐惧，霉运就会远离你

> 人生不如意事十之八九。我们遇到不顺心的事情，产生了负面情绪，应该怎么办？是抵制它还是置之不理？抵制它，我们就会发现，越是抵制，负面情绪就会越强烈；置之不理，负面情绪则会继续蔓延。那么，我们应该怎么办呢？
>
> 我们应该学会转换角度，不去想可能产生负面情绪的事情，多去想一些美好的事情，这样，正面情绪就会显现出来，而负面情绪也会因为正面情绪占主导而消失了。

01 吸引力法则不接受负面命令 ………………………………… 32

02 有些东西越抵抗越无法消除 ………………………………… 34

03 看开一点，忽略了它就会消失 ……………………………… 37

04 如果你不喜欢什么事发生，就不要去想它 ………………… 40

05 让潜意识为你服务 …………………………………………… 43

06 胆怯是一剂毒药 ……………………………………………… 46

07 背信弃义，会让吸引力失去光彩 …………………………… 48

08 越是背道而驰，吸引力的反力越大 ………………………… 51

09 顺其自然，吸引力法则才会发挥作用 ……………………… 55

第三章
调整自我,你会成为你想成为的那种人

遇到难事,我们无法突破瓶颈,止步不前,应该怎么办?我们最应该做的就是,改变能改变的,适应不能改变的。我们无法改造世界,但是我们可以改造自己;我们不能让世上所有人都满意,但是我们可以让自己满意。

我们想要改变自己,就要从自我调整开始。我们的思想只属于我们自己,为什么我们不能让快乐和我们的思想产生共鸣,让我们每一天都过得快乐呢?对,我们要快乐,所以,我们就要往思想中倾注快乐。

01 迈出第一步,肯定你自己 ……………………………………………… 60

02 相信自己是个了不起的成功者 ………………………………………… 63

03 最重要的是你看重自己 ………………………………………………… 66

04 其实,你比想象中更伟大 ……………………………………………… 69

05 改进自己,反思才能日臻完美 ………………………………………… 72

06 好习惯成就积极心态 …………………………………………………… 75

07 让吸引力的光芒如雨后彩虹般耀眼 …………………………………… 78

08 勇于挑战,吸引力才会青睐你 ………………………………………… 82

09 敢破敢立,才能超越自己 ……………………………………………… 85

第四章
剔除消极想法，用积极的力量创造奇迹

> 消极想法就像枷锁，吸引力法则就像解开枷锁的钥匙。如果我们想要把消极想法从我们的思想中连根拔起，我们就要做好自己，让积极的想法驻扎在我们心里，只有如此，我们才不会让消极想法鸠占鹊巢。
>
> 如果我们想要让消极想法消失，最好的办法就是让积极的想法装满我们的内心。只有如此，我们的吸引力才会被积极的想法所左右，让我们产生一种向上的力量，带领我们不断向成功迈进。

01 盲从，是吸引力法则的大敌 ………………………………… 90

02 学会调节和自我激励 …………………………………………… 93

03 相信"命由己定不由天" ……………………………………… 96

04 有志者，吸引力法则自然成 ………………………………… 99

05 专一的目标，让吸引力独具魅力 …………………………… 102

06 言出必行，吸引力的磁场才会形成 ………………………… 105

07 宽容，让吸引力更有味道 …………………………………… 107

08 赞美，让别人感受到你的吸引力 …………………………… 110

09 换位思考，吸引力之花才会尽情绽放 ……………………… 113

第五章
提升感召力，让人心甘情愿追随你

如果你知道去哪，全世界都会为你让路；如果你拥有感召力，全世界的人都会追随你。我们的吸引力需要我们自己把握，我们无法让别人做到最好，但是我们却可以要求自己。只有做好自己，别人才会被你的感召力所吸引。

我们每个人都有属于自己的吸引力，如果想要让吸引力发挥出最大能量，就要不断完善自己。只有我们做好自己，我们的吸引力才能在别人心中产生磁场。

01 崭新一天的穿着 …………………………………… 118

02 微笑可以让你的吸引力更甜美 …………………… 120

03 找到属于你的位置，吸引力才会为你服务 ……… 123

04 吸引力因谦卑而伟大 ……………………………… 127

05 果敢让吸引力变得更有力量 ……………………… 130

06 渴望成功才能成功 ………………………………… 133

07 不满足，吸引力才会被激发 ……………………… 136

08 忘记负面情绪，形成吸引力的磁场 ……………… 139

第六章
主宰你的意识,把欲望变成跳板

> 存在决定意识,意识对存在具有反作用。我们想要达到目标,就要重视我们和意识之间的关系。我们的吸引力能够产生磁场,磁场能影响我们的潜意识,而正是潜意识的能量会左右我们未来的走向。
>
> 我们要做的不是成为意识的奴隶,而是成为意识的主人,只有如此,我们才能在成功路上继续前进。如果我们被意识所左右,吸引力的光芒就会暗淡,而我们也就很难再取得成功了。

01 纵欲的结果是输掉自我 …………………………………… 144

02 把金钱当成外在的工具 …………………………………… 146

03 学会忍耐,你的意识才会被你主宰 ……………………… 149

04 耐心等待,吸引力才会跟着你走 ………………………… 151

05 霸气让吸引力更有力度 …………………………………… 154

06 独具慧眼,走出一条不平凡的道路 ……………………… 158

07 逆境中激发斗志,欲望在逆境中开花结果 ……………… 161

08 想开一点,吸引力的磁场就会更强 ……………………… 165

第七章
坚定成功的信念，生活处处是惊喜

> 自信人生二百年，会当水击三千里。没有自信的人生是可怕的，因为你永远不知道成功的方向，就像没头苍蝇一样，每天只是乱飞乱撞，永远不知道哪里才是你的人生归宿。
>
> 有成功的思想还不够，有成功的方向也不够，如果我们想要成功，最需要的就是非凡的自信。只有拥有自信的人才会产生对成功的渴望，而正是这种渴望会为我们带来吸引力，而吸引力则会吸引成功的到来。

01 相信你是天生的赢家 …………………………………… 170
02 自信的态度决定人生的高度 …………………………… 173
03 成功之路是信念与行动之路 …………………………… 176
04 有信念，我们才不会害怕失败 ………………………… 178
05 信念就是阳光，温暖我们心灵 ………………………… 181
06 热忱，让信念学会微笑 ………………………………… 184
07 在失败中坚定信念，吸引力才不会离你而去 ………… 187
08 信念是一种高贵的心灵 ………………………………… 191

第八章
抵制思想病毒,思考改变一切

　　思想就像电脑一样,也会染上病毒。但是我们的思想不像电脑那样能安装杀毒软件、防火墙以及一键恢复系统。所以我们需要时时保持清醒,及时有效地清理思想中的垃圾,只有如此,我们才会离成功更近一步。

　　吸引力能够发挥积极作用,关键就在于我们积极的思想。所以,我们要及时排除思想中的负面情绪,重新把正面情绪扶持到顶端位置,只有这样,我们的吸引力才能正常运转。

01 小心,思想也有病毒 ……………………………… 196
02 想成功,先学会反思 ……………………………… 197
03 试着把你的心扉敞开 ……………………………… 201
04 负面思想,是只纸老虎 …………………………… 204
05 负面思想影响只是一时,并非一世 ……………… 208
06 改变世界,从改变负面思想开始 ………………… 211
07 学会让负面思想"转正" ………………………… 214
08 正确看待思想的感染力 …………………………… 216

第九章
起而行之,通过实践赢得成功

　　成功总是留给有准备的人,如果我们总是光说不练,成功就永远不会到来。与其坐以待毙,不如马上采取行动。世上想要取得成功的人千千万,为什么成功会偏偏青睐于你?想要成功,就要早他人一步采取行动,只有如此,成功才不会忘记你。

　　坐而论道,不如起而行之。行动是世界上最美的语言,而行动更会为我们带来无穷的吸引力。我们要做的就是让实践去检验真理,让行动去吸引成功。只有这样,成功才会来到我们身边。

01 主动积极地面对问题 ………………………………… 222
02 分清主次,要务优先 ………………………………… 224
03 谋定而后动 …………………………………………… 227
04 永远走在成功的路上 ………………………………… 230
05 坚持走下去,成功才会露出曙光 …………………… 233
06 意志力,让成功更有意义 …………………………… 236
07 行动是世上最美的语言 ……………………………… 238

第十章
营造热情磁场,构建幸福家园

> 人生路上,我们总会遇到各种各样的苦难,对此,我们要做的就是保持清醒的头脑,看到苦难背后的那一缕阳光,驱除苦难的阴霾,让成功的光亮继续点亮我们的人生。
>
> 吸引力的磁场因为热情而富有活力,我们要做的就是保持对成功的执著追求,只有如此,吸引力才不会从我们身边消失。做好自己,不要迷失方向,吸引力的磁场才会变大、变强,而我们的人生也会因此奔向幸福的前方。

01 苦难是一笔财富 …………………………………………… 244
02 让自己在苦难中变得积极 ………………………………… 246
03 放松自己,赢得成功 ……………………………………… 249
04 幽默让吸引力更有魅力 …………………………………… 252
05 化繁为简,人生才能轻装上阵 …………………………… 255
06 不再挑剔,世界都会为你让路 …………………………… 258
07 平常心,让我们宠辱皆忘 ………………………………… 261
08 你不是一个人在战斗 ……………………………………… 264
09 带上快乐,让我们奔向幸福的前方 ……………………… 267

第一章
发现吸引力的秘密,心想事自成

我们想要什么,现实中就会出现什么,这是为什么呢?难道我们是魔法师,我们会巫术?如果不是,为什么我们想要什么就会出现什么呢?

其实,我们根本不是魔法师,也不会巫术,一切的原因都是因为吸引法则在发生作用。我们想要什么,吸引力就会吸引到什么;我们不想要什么,吸引力就会抵制什么。只要我们善加运用,吸引力法则就会在我们身上产生神奇的效果。

01 你应该知道的秘密：吸引力法则

在心理学研究过程中，发现了这样一个现象，叫作"意志屈服于想象"。比如，我们把一块一米宽的钢板放在地面上，让一个人从上面通过，不管这个人是什么人，只要他手脚健全，无论他是跑着还是蹦着，他都能顺利通过去。如果还是这块钢板，把它放到两座100多层的高楼中间，那么这个人还敢毫不畏惧地走过去吗？

人天性中就有恐高的心理，没有受过特殊训练的人，是不太可能从高空作业的钢板上面掉下来还活着的。那么，同样的钢板，放在不同的地方，在通过它的时候，为什么会有如此大的差距呢？

原来，钢板放在高空的时候，我们脑子里就会一直想"不要掉下去"，不仅如此，我们还会幻想如果掉下去，自己将会如何如何，自己已经把自己的结果想好了，主观意志就会吸引你的内心向自己假想的结果无限趋近，最后，掉下去也就成了无法避免的事实了。这就是一种吸引力，它引导了你的思想并最终引导了你的行为。

其实，所谓的吸引力法则，就是相互吸引，它是一种同类的相互吸引，只要你有一个思想，就会吸引同类的思想加入。更多的时候，我们需要的不是单一的思想，而是吸引力，让自己的思想不断吸引住自己，带领自己不断向成功迈进。

在生活中我们也会碰到一些这样的例子，比如我们踢足球的时候，如果我们射门，心里总是担心球进不去，而且还想象出一个因进不了球而被队友怨责的画面，等到事情发生之后，我们就会发现，事实与我们内心所想的如出一辙。

阿根廷作家博尔赫斯说："强劲的幻想产生现实。"如果我们总是被自己心里幻想的假象所吸引，那么惨痛的现实往往不期而至；但如果我们给自己以强大的信心，就会创造出意想不到的结果。

有时候，我们不得不承认，我们思考问题的时候，会被某种潜意识所操纵。我们每个人心里都蕴藏着一股神奇的力量，只要我们把这种力量激发到最大值，那么我们不仅能吸引到自己，还能吸引到别人。

中国人彼此祝福的时候，总是习惯说："祝您万事如意，心想事成！"但是，我们往往是一笑置之，并不把"心想事成"放在心上，但是事实往往却是跟随我们的主观意愿而发生。美好的愿望吸引着我们，我们就会不断追求，内心就会不断燃起奋斗的火焰，最后，我们就会让自己美梦成真。

美国太空总署前任训练宇航员的心理学专家丹尼斯·维特利博士，从1980年开始接任美国奥委会运动学委员会心理组主席一职，负责培养美国奥运选手，正是因为他在其中起到了不可忽视的作用，使美国奥运队成为世界体坛金牌数量最多的获得者。

同样都是运动员，为什么美国队能够一枝独秀？你可能会认为，美国人和别国的人不同，但是你要知道，欧洲人和南美洲人同美国人都差不多，可为什么只有美国人能够取得成功呢？其实，就是因为维特利博士注重吸引力法则的运用。

维特利博士训练选手，总是要求他们先静下心来思考，回想自己在历次比赛中最完美的一次，享受这段比赛过程之后，用一年去训练奔跑。维特利博士总是用最先进的仪器对运动员的生理现象进行测算分析，经过多次分析，他发现，比赛过程中运动员的生理现象和静下心来思考时的生理现象是完全相同的，自此之后，他就开始让美国运动员不断强化自己的正面潜意识。经过这样的训练之后，美国运动员终于取得了骄人的战绩。

维特利博士辅导这些运动员主要是强化他们的精神思想，强化他们的正面潜意识，并且不断激发出他们的潜能，以此来取得越来越多的最佳结果。在维特利博士的辅导下,美国运动队在每次比赛之前,在自己的心里都形成了一种强者意识,认为自己拿到金牌是必然的,这就为他们最后的胜利奠定了坚实的思想基础。

维特利博士的经验值得我们深思。我们中国奥运队也应该树立起这样的正面潜意识,加上不懈的努力,最后就一定能为中国赢得越来越多的好成绩。事实上,这一点已经在2008年北京奥运会上得到了很好的证明。

上面的事例证明,成功就是一种潜意识在发挥作用,它会让有志向的人被目标所吸引,使得自己和目标无限接近。这样对目标的趋近,好运必然会到来。

在现实生活中,如果你有一个需求的潜意识,而且这个潜意识非常强烈,那么你的心理活动就会不断暗示自己,让这个想法无时无刻不充满你的全身,指引你为了实现这个目标不断奋进,而这个想法就是你实现目标的最根本动力。因此可以说,真正拥有吸引力的人会让自己周围形成一个磁场,这种磁场会潜移默化地指引我们向着成功迈进。

吸引力法则

世界上绝大多数的财富之所以被掌握在极少数人手中,原因就是这极少数的人善于运用吸引力法则,为自己带来好运。

心里所想的事情,不是无本之木,而是有根据的,只有根据自身情况而定的、切合实际的目标,才会有意识地指导自己去采取行动,最终走向成功。

02 每个人都有一种磁场

地球是一个磁场,有南北两极,在宇宙中受影响而自转与公转,同时,磁场内部也存在相互之间的影响。我们人类也有磁场,而且每个人都有一个属于自己的磁场。人类的磁场除了具有生物学意义之外,更为引人注目的积极意义在于,这个磁场可以影响到我们所需要的目标和所有内心的想法,与此同时,它还会带领我们不断地向着自己需求的方向迈进。

那么,怎样从心理学角度正确认识人体磁场,发挥磁场功能,使之引领我们向锁定的目标迈进呢?这是尤其需要引起现代人格外重视的问题。

我们都知道,世界上的各种东西都是由分子和原子构成的,这些东西内部是守恒的。原子的内部不仅有原子核,原子核的外部还有运动的电子,物理学家已经证明出这些电子是能产生磁场的。就人类而言,人的思想是需要脑电波推动的,而这种推动就是电子的运动。我们可以毫不夸张地说,在我们思考的时候,我们的周围就会自然形成磁场,指引我们向一定的方向不断地付诸行动。

不管是积极的想法,还是消极的想法,只要在我们潜意识中产生的,就会指引我们去付诸实践。很多时候,健康、财富、幸福、成功等都是需要我们的磁场去吸引的,而且这种磁场也会随着我们的想法不断地深入和加强,使内心的需求不断向我们趋近,进而为己所用,终至达到目标。

世界上成功的人是极少数的一部分人,但是其他的人难道不够努力吗?其实不然,最主要的原因就是,他们还没有认识到自己同样有磁场,更没有认识到吸引力法则对于每一个人的重要性。

当我们准备全身心地投入去做一件事的时候,我们的心里就会对这件事情的最终目的产生一种实现的渴望,而这种强烈的渴望就会让我们全身上下散发出一种神奇的力量,带领我们向着成功迈进。如果你心里一直想着你不想要的,那么,你就会吸引到自己不想要的东西;如果你心里一直想着你想要的,那么,你就会吸引到自己想要的东西。这种吸引就是一种循环,好或者坏全凭你自己把握。

福特汽车创始人亨利·福特说:"认为你行或者不行,你都是对的。"一个人想什么,他就会做什么,也就会得到什么。我们常常会听到身边人问:"你

吸引力旋涡：
遇见生命中的每个奇迹

为什么会有这么多朋友？你身边这么多朋友，你和他们的关系会不会长久？"

我们常常会思考，可总是局限于某个问题来不断思考，但由于我们怎么想的就会指引我们怎么做，接下来就会出现两种想法：第一种，我们会想白发如新，倾盖如故，交到一个朋友就算一个，而这个朋友就是我们一生的朋友；第二种，我们就会不断想什么样的朋友才算是真正的朋友呢？他是不是对我不够好啊？我是不是应该把这些朋友舍弃？人无绝交，必无至交，放弃他一个，也许会有更多的朋友等着我呢。

这样两种想法会产生两种截然不同的结果，第一种想法演变成的结果就是和朋友天长地久，相扶相帮，走过一生；第二种想法则会让我们不断放弃朋友，不敢付出真正的友情，以至于最后孤单终老。

朋友多少关键在于你磁场的强弱，磁场强，则朋友多；磁场弱，则朋友少。也许我们想要做的不一定是对的，但是这种想法会不断指引我们向着成功迈进。更多的时候，我们会不由自主地被想法所带动，然后用心去做，最后的结果也就成了顺理成章的事情了。

如果我们能调节好自己磁场中的"正负极"，那么，我们的磁场就会发挥出它应有的效力，带领自己走向成功。如果我们把这个"正负极"弄反了，我们的磁场将会变成一团乱麻，而成功也会和我们渐行渐远。

在一座寺庙里，一位非常漂亮的女人在进香时看上了这里的一个和尚。如果一对儿俊男靓女在爱情一开始就能花前月下，深情款款，莺声燕语，自然会别有一番风月，但是两个人中竟然有一个是和尚，这听起来就是大煞风景了。

女人毫不气馁，她主动邀请和尚去她家住上半年。和尚说："住或者不住，我都要听从我师父的意见，只有征得他的意见，我才能做出决定。"

这个消息不胫而走，其他和尚非常气愤地说："色戒是大戒，身为和尚，你碰都不能碰女人，而你还想和她在一起住半年，这不是大大地违反了清规戒律吗？"

师父得知这一消息后却淡淡地说："我告诫所有僧众不近女色，但是他已经跳出三界外，不在五行中。我观察他很久了，他确实是尘缘未了，和我们一点都不相同。"

于是，师父就允许这个弟子和那个女人去了。

师父的这个决定引起了僧众的极大愤慨，纷纷说一些诋毁这个和尚的话语，说他已经和那个女人结婚生子了，变得非常堕落，这是对佛祖的大不敬。

半年之后，那个和尚回来了，出乎意料的是，那个漂亮女人也跟在了他的后面。师父看了看，就问女人："你们这半年如何了？你有什么要对我说的吗？"

女人说："我这次来，不为别的，只是想请您收留我，让我剃度出家吧！我试图吸引到您的弟子，用各种办法诱惑他，但是他依然只停留在自己的内心，不为我的言行所动。我在他的眼睛里看不到任何欲望。我想要改变他，没想到他却改变了我。不是他带我来到这里出家的，而是我自己坚持要来。我想学习他这种坚定的信念，好好保持住自己，不为外界所动。"

事实证明，磁场运用的妙处就在于收发自如，自己强大的磁场不仅能影响到自己，更能影响到别人，甚至改变别人。

我们都希望和优秀的人成为朋友，但是这样的想法往往只是一种一相情愿，很难实现。但是，只要我们透彻地理解自身的磁场，并且把自己最需要的东西放在磁场之中，与优秀者为伍的愿望就会实现了。我们说吸引力并不是魔法，但它可以发挥出魔法的效力。

我们每个人都有潜在力量，只是这种力量总是深埋心底，很难被激发出来。如果我们更加关注自己的潜意识，不断发挥出它的作用，就会建立自信心，增强自己的斗志，使得自己的磁场发挥出最大力量，吸引住成功的注意力，进而获得认可，取得成功。

吸引力法则

如果我们一直坚持一种思想,我们就会不断释放出思想的电波,进而产生一种强大的磁场。在这种磁场作用的影响下,我们就会沿着思想路径不断地向成功迈进。这种现象就像"水滴石穿"、"绳锯木断"一样,终有一天,会实现我们的理想。

03　想什么来什么,不只是运气

德国著名作家歌德说:"我们的生活就像旅行,思想是导游;没有导游,一切都会停止。目标会丧失,力量也会化为乌有。"思想是我们行动的先行,如果没有思想,我们的人生将会变得了无生趣。思想意识对我们有主导作用,如果没有思想,就无法支配我们的行动,我们的人生也将会失去方向。

人类之所以和其他动物有区别,主要就是因为我们人类能够产生意识,拥有复杂的思考能力,指明我们的人生方向。思想意识产生于大脑,是由千千万万脑细胞相互作用而产生的。如果想要把思想意识分析透彻,主要应该研究的就是人类的大脑。

为了研究人类的大脑,美国华盛顿史密森纳研究所艾尔默·格迪士教授做了一个实验:他把豚鼠放在了一个由某单一颜色为主色调的密闭空间里,然后对其大脑进行解剖。通过解剖,格迪士教授发现,生活在有颜色空间里的豚鼠的大脑要比其他豚鼠的大脑大得多。

还有另外一个实验,通过对不同情绪人排出的汗液进行研究和分析发现,处于愤怒状态下的人排出的汗液里,其盐分和普通人的结构有极大的不同,让小白鼠吃过这些盐分之后,竟然发现这些汗中的盐分带有毒性。

这两个实验充分说明:大脑能够产生思想,而这些思想能够非常实际地改变我们的身体状态。

在很多时候，我们并没有注意到思想的作用。比如有些时候我们会在不经意之间，受到别人潜意识的影响，虽然我们感觉不到，但是过不了多久，这种潜意识的影响就会彻底地被激发出来，因而改变了我们。

记得有一位科学家在研究课题时斩钉截铁地说："思想是一种物质。"其实，思想就是一种物质，这种物质的潜在力量大得惊人。如果我们能彻底把思想这种物质研究透彻，我们就一定能掌控住自己，把自己的吸引力发挥到最大值。

想到不如说到，说到不如做到。如果想要实现目标，首先就要敢想，这样在我们的周围才会形成一种磁场。这种磁场就像是一种环境氛围，对身处其中的人有着极大的影响。有的人把某些人的成功归结为运气，对他们的行为嗤之以鼻。事实上远没有运气这么简单。成功者之所以成功，关键在于他们遵循了吸引力法则。正是在吸引力法则的不断指引下，他们才走向成功的！

古印度是四大文明古国之一（其他三个文明古国是古埃及、古巴比伦和中国），在西方人眼中，古印度一直被赋予一种神秘的色彩。古印度时期，因为拥有象牙、香料等珍贵物品，曾深深地吸引了很多探险家的目光，这些人不远万里踏上这片神奇的土地。还有很多野心家也来到古印度，但他们只是为了占领这片土地，获得珍贵的物品。

两千多年前，希腊国王亚历山大一世亲率大军攻占了印度，并且建立了属于自己的城堡。战争并没有因此而结束，在一千多年后，荷兰人、英国人和法国人也相继到来。所有的殖民者为了争夺印度的土地大动干戈，而印度人却成了西方铁骑下的牺牲品。

印度人并没有因此沉沦，没有任何一个外来殖民者能够长期统治印度，殖民者的统治力量在这片神奇的土地上逐渐消失殆尽。西方殖民者有飞机、大炮，而印度人却有坚定的精神信仰。正是因为印度人心中有信仰，所以他们挺住了，没

吸引力旋涡：
遇见生命中的每个奇迹

有屈从于西方人的重压，而是凭借着自己内心的力量，驱逐了外来入侵者，保全了自己赖以生存的家园。

印度人之所以能够取得战争的胜利，主要就是由于一位道德高尚、智慧高深的领袖，他就是莫罕达斯·甘地。这位被称为印度"圣雄"的领袖有着强大的心灵力量，不断地鼓舞着印度人。

甘地是一个瘦弱的小老头，提倡"非暴力不合作运动"，多次进行绝食以争取印度的独立和国家的和平。伟大的甘地带来的是精神力量的吸引，他感化了印度人脆弱的心灵，最终，帮助四亿多印度人脱离苦海，赶走了外国殖民者。也正是在这种强大的精神面前，即使侵略者拥有飞机、大炮也是毫无用处。

史可鉴人，史可育人。坚定地追求真理，是甘地与许多历史人物的共同特征；但以纯洁的方式追求真理，则是甘地超越其他历史人物的最伟大之处。甘地不仅以最简单、最原始，也是印度最传统的方式生活，更是身体力行地唤醒了民众的良知和大爱，宣告自己对世事不公的反抗，使他成为全印度人民的精神领袖，同时也极大地鼓舞了全世界所有的人。

我们每个人都有思想，而思想也有强弱，也有好坏，但我们不要去考虑这些，我们需要考虑的只是我们思想持续的时间。我们最初的思想就像扔在河里的石头一般，波纹随之一圈一圈地展开，逐渐向外扩展。而我们需要做的，就是在这种思想的波圈下不断受到鼓舞，让思想成为我们成功的最大助力，就像甘地那样，实现了心中的愿望。

我们想要明天成为什么样子，明天就会成为什么样子。如果我们很高兴，那么我们的思想也会高兴；如果我们很悲伤，那么我们的思想也会很悲伤……思想是受我们自身影响的，如果我们想要向成功迈进，我们首先要做的就是拥有成功的思想。

很多时候，死亡其实离我们很远，比如一个人在马路上被车子撞了一下，或者从几米高的墙上摔下去了，等等，这些事故，一般来讲不至于当场死亡。医生们在医治一些病危病人的时候，他们发现，这些病人死亡的根本原因其实与病痛无关，而是与患者自己的心理承受能力有关。这些人很容易对生命失去信心，极易产生恐慌，或者出现心理崩溃，如此一来，死亡很可能就是不可避免的。

有经验的医生在医治病危病人的时候，他们首先要做的就是先稳住病人的情绪，减轻他们的恐惧感，这样才能让他们卸下思想负担，重新找回对生命的自信。

如果我们认真研究一下那些成功人士，就会发现，无论将来怎么样，他们的想法总是比行动领先一步。如果洛克菲勒很早的时候没有想发财致富，后来的他就不会成为身家百亿的石油大亨；如果巴斯德没有持之以恒地研究化学，他就不会成为一位颇有建树的化学家……其实，我们常常会看到这样的现象，成功的人会越来越成功，失败的人会越来越失败。有的人说，他们习惯了。对，他们就是习惯了，因为他们的思想潜意识已经对自己下结论了。成功和失败的取得不是偶然，而是必然了，对自己的预期不乐观，就注定要失败。

吸引力法则

想到不如说到，说到不如做到。如果想要实现目标，首先就要敢想，这样在我们的周围才会形成一种磁场。这种磁场就像是一种环境氛围，对身处其中的人有极大的影响。有的人把某些人的成功归结为运气，对他们的行为做法嗤之以鼻。事实上远不是运气这么简单。成功者之所以成功，关键在于他们遵循了吸引力法则。正是在吸引力法则的不断指引下，他们才走向成功的！

吸引力旋涡：
遇见生命中的每个奇迹

04 认识你的潜意识

我们都知道存在决定意识，但我们也常常会为意识的产生而纠结，因为意识的产生很难用常规思路来解答。在实际生活中我们体会过一种现象，那就是预感，其实，预感恰恰就是潜意识发挥效应的所在。

1948年，苏联有一位名叫迈兴的预言家要到阿什哈巴德演讲，但是他刚来到这里，就被一种不安的情绪所笼罩，最终，他只得选择离开。

没想到，三天之后，阿什哈巴德就发生了大地震，而这场地震共造成5万多人丧生。

第二次世界大战时期，美国预言家塞西就曾经帮一些战士预测过自身的安危。当塞西预测到某个人将会殒命战场的时候，他的心里非常伤心。

预感是由一种潜意识在发生作用，它可能让我们感到不安、恐惧等，而这种潜意识就促使我们及时采取行动，避免灾难发生。吸引力也是如此，如果你的潜意识认为自己将会如何如何，随着时间推移，等到结果出现之后，你才会发现，自己所想的和现实如出一辙。预感有时候也被人称作第六感，很多人都有过这样的经历，就是一直在想某人的时候，他就会不经意地出现。

这种现象不能单单以巧合来进行解释，更应该说是潜意识的一种外在表现。潜意识就是让吸引力产生的最根本原因。

潜意识和显意识都是意识，潜意识存在于我们的大脑之中，只是我们很难判断出潜意识是否是真实存在的。但在某种特殊情况下，潜意识往往会发挥出巨大能量，让我们能够能动地、积极地不断向着成功的方向迈进。

很多时候，我们的能力需要被唤醒，而唤醒我们能力的就是潜意识。有时候，我们做梦的时候，会发现潜意识在为我们制造着各种各样的梦境，有的时候我们还会被自己的梦境所惊醒。这时，潜意识的吸引力就会不断展现出来，进而装满我们整个大脑。

在现实生活中,只要我们坚持自己想要得到的,并且不断地让这件事情吸引我们的注意力,我们就会为这件事情投去更多的重视目光。有了这样的吸引力,再加上我们坚持不懈的努力,我们想要实现的梦想就会成为现实。

我们的潜意识具有一定的吸引力,有的人看到这句话也许会问,既然我们的潜意识有吸引力,为什么我们想要吸引金钱却吸引不到呢?我们活在当下,所要面对的是形形色色的现实问题,如果我们仅仅像童话中的阿里巴巴一样,念一句"芝麻开门",金钱就会源源不断地装进你的口袋,这样的事情显然是不可能的。

吸引力虽然有神奇的力量,但是如果你没有因为吸引力而对金钱提起关注的话,再大的吸引力也不可能为你带来财富。假如你的心里没有对金钱的欲望,每天只想悲天悯人,只是伤怀感世,那么我想,在不久的将来,你内心的激情会荡然无存,而你的这种状态也将会对你的一生影响深远。

我们每个人都是机会的创造者,关键是在于你愿不愿意利用自己的吸引力去创造。很多人想要强大富有,但是却没有被自己的这种潜意识所吸引,反而听之任之,不去发挥自己的主观能动性,最后的结果只能是非常可悲的。

日本医学博士兼量子力学专家江本胜通过对水结晶的研究发现,人能发出无形的意识,而这种看不见、摸不着的意识会影响到外在物质,让其发生变化。

江本胜博士的实验表明:如果人们对瓶子里的水发出的潜意识是爱和感谢的时候,瓶子里的水就会变成非常漂亮的六角形结晶;如果人们对瓶子里的水发出的潜意识是愤怒和悲伤的时候,瓶子里的水就会变得非常散乱、破碎。

很多世界著名的量子物理学家经过研究发现,人类的潜意识和宇宙的物质休戚相关。潜意识也是能量的一种,而这种能量能对我们周围的能量和物质产生影响,并且引起变化。

著名科学家爱因斯坦曾说:"想象力是一切!它是你生命中即将被吸引

来的结果之预演。"所以，你所发出的潜意识就是你想要的结果，不管这样的结果，是好是坏，这都是你自己吸引力所引发的。

相信奇迹的人总是能创造奇迹。有些奇迹是很难让人相信的，但是人类却依靠自己的吸引力不断让奇迹在身边上演着，比如飞机上天、登月、探查火星等，这些都是以前人们不敢想象的，但是现在我们却一一实现了。社会仍然在不断向前发展，必然还会有更多的奇迹出现，只是等待我们去创造罢了。

如果我们总是想象天堂的样子，那么，我们的身边就会呈现出天堂的美好；如果我们总是想象地狱的样子，那么，我们将会厌恶身边的所有东西。

中国人常说，相由心生。很多时候，成功也是如此，只有我们心里敢于去想，不断被自己的潜意识所催化，我们在心中才会产生一种奋进的动力。吸引力往往会在我们出现瓶颈的时候出现，促使我们卸下疲惫，向着梦想的远方不断迈进。

吸引力法则

即使你觉得自己的努力好像没有获得什么回报，你也要相信，所谓的回报已经在你的潜意识里生根发芽了，当你需要的时候，这些潜意识就会显现出来为你所用。我们往往会在静下心来时思维变得更加开阔，这是因为我们内心最本性的潜意识被释放了出来，而这时的我们往往会发挥出潜意识的最大效力，进而得到自己想要得到的东西。

05 利用心灵的力量

美国一位资深心理医生曾经说："一切的成就，一切的财富，都始于快乐健康的心理。"社会中的很多人并不缺乏机会和能力，但是他们往往会与成功擦肩而过，最根本的原因就是因为他们没有利用心灵的力量。如果我们能利用心灵的力量，在成功的路上为自己加足马力，成功的道路就会越变越宽广。

心灵的力量可以让我们的周围产生一种吸引力，不仅可以让我们随意支配自己的行动，还可以对我们身边的人和事产生影响。你需要什么就应该去吸引什么，这样，你才会成功。

心灵，虽然听起来有些温柔，但是如果我们想要向着成功迈进，心灵就能发挥出巨大的力量。心灵能让我们创造全世界，更能够让我们的生活发生翻天覆地的变化。心灵的力量是巨大的，在适当的时候，心灵可以产生摧枯拉朽的力量。

20世纪发明的汽车、飞机等，使得人类的生活变得更加便利，而这些东西的发明，其起因仅仅是人类内心的一个个简单的想法。

我们都看过天空中飞翔的鸟儿，但是我们很少有人会认真思考。相比之下，怀特兄弟却静下心来，一直思考这个问题，不断被鸟儿飞翔的情境所吸引，坚持不懈地去思考这个问题。通过怀特兄弟不懈的努力研究，一台飞翔机器诞生了。正是这个飞翔念头的不断吸引，使得人类翱翔天空的梦想成为现实。

很多人见过苹果掉落在地上只是淡然视之，并不去深入思考。而牛顿却通过不断地理论研究和思考，发现了力有引力，解开了困惑人类已久的难题。

爱迪生时代的人几乎都见过蜡烛和汽灯，但是很少有人愿意去改进，总是认为这件东西已经足够好了，即使不去改变它，生活也不会因此变得怎么样，所以人们都已经习惯了这种生活，意识也已经被禁锢住了。但是爱迪生精通电学，并且被这种知识所吸引。爱迪生在无数次实验失败后决定采用玻璃作为灯泡的罩子，接下来，又开始寻找一种可以燃烧很长时间的灯丝。失败的打击终究敌不过爱迪生内心的坚持，随着时间推移，尝试过几千种材料的爱迪生，终于找到了最适合灯丝的材料——钨丝。

我们总是低估了心灵的力量，但是心灵的力量往往会在最恰当的时候

15

吸引力旋涡：
遇见生命中的每个奇迹

发挥出最大的作用。无论生活怎样对待我们，我们都需要保持住内心的坚忍，把握好心灵的力量，不断吸引自己，吸引自己需要的美好事物，进而无限接近自己的目标。

有这样一个人，在他18岁的时候就开始做水手了，到了晚年，这名水手依然只是一名最普通不过的水手。这是为什么呢？

原来，这名水手总是哀叹自己命运不济，把一切过错都归咎于命运的不公，总是哀叹时也命也，到头来，非但没有抱怨出个所以然来，反而让自己碌碌无为地度过了一生。

其实，水手的碌碌无为全都由于他的内心潜意识造成的。也许这名水手曾经梦想过当上船长或者是想要另谋他处，但是他的内心不坚定，没过多长时间，这样的打算就在自己的潜意识里被否决了。虽然他对自己的工作现状很不满，但是他没有选择坚持，而是随波逐流。经过这样的多次选择和多次否定，最后，水手的结局只是能是虚度年华，碌碌无为了。

水手的故事告诉我们，心灵的力量，关键在于持之以恒，如果我们只是得过且过，好了伤疤忘了疼，把自己当初内心的坚持抛到九霄云外，这样一来，心灵的力量就被击垮了，根本无法取得多大的进展。所以，我们要想走向成功，就必须适时激发出心灵的力量。

雄鹰之所以能在高空中自由自在地翱翔，是因为它有一双雄壮有力的翅膀；大河之所以能浩浩荡荡、奔流不息，是因为它有"惊涛拍岸，卷起千堆雪"的神奇力量；人生的大树之所以能够忍受日晒雨淋，长成栋梁之材，是因为它破土而出时震撼人心的自身力量。我们每个人都有属于自己的辉煌，而这种辉煌就会一直带领我们在希望的路上绽放出心灵的力量。

心灵的力量对于我们是一种潜移默化的影响，它就像影子一样，从来不会离开我们的身边，而且无时无刻不在影响我们敏感的神经，让我们在这样的神奇力量驱使下向着成功不断奋进。心灵的力量带来的是我们的吸引力。

存在的必有其道理,如果我们善加利用,心灵的力量将会形成燎原之势,无法阻挡。

不同的辉煌背后总有不同的坚强,不同的坚强背后总闪烁着震天动地的力量,纵然那只是一米清爽的阳光,纵然那只是黑暗中独缀夜空的一缕光芒,纵然它只是生命中的一丝希望,纵然……然而,它终会燃烧起灿烂的梦想和希望。

奥斯卡获奖电影《美丽心灵》就为我们讲述了这样一个心灵的故事:主人公纳什是一位精神分裂症患者,他深爱着自己的妻子艾丽西亚,在妻子的帮助下,纳什经过几十年的抗争,终于战胜了病魔,并于1994年获得了诺贝尔经济学奖。这是一个真实的故事,现在的纳什依旧在经济领域不断奋斗着。

心灵的力量是伟大的,它可以带领我们驱走冬日的严寒,可以告诫我们在失败中不要沉沦,重拾信心,找到生命的绿洲。在每一个夜幕深垂的夜晚,心灵总会发出最强烈的声响,它是在告诉我们,每一天的你都是全新的,都散发着独特的魅力,继续努力,继续加油,希望就在不远的前方。

> **吸引力法则**
>
> 美国一位资深心理医生曾经说:"一切的成就,一切的财富,都始于快乐健康的心理。"社会中的很多人并不缺乏机会和能力,但是他们往往会与成功擦肩而过,最根本的原因就是因为他们没有利用心灵的力量。心灵的力量是伟大的,它可以让我们驱散失败的阴霾,找到成功的方向,让我们的生命变得更有意义。

06 相信自己，才能创造奇迹

现实生活中，我们总是希望努力的方向永远不要背离成功的轨道。这就要求我们应该时时刻刻关注我们需要的成功，并且吸引到成功，获得它的青睐，这样，我们才会不断坚持，被自己的坚持所吸引，让梦想照进现实。

我们如果相信奇迹，那么，奇迹就会到来；如果我们不相信奇迹，总是想随波逐流，跟着别人的脚步前进，那么，我们不仅没有吸引到奇迹，反而会被奇迹所遗忘。我们只是想，而不去行动，奇迹怎么会出现呢？

很多人相信奇迹，比如盲目地买彩票，然后坐等开奖，希望自己的手中写满数字的纸能兑换成实实在在的人民币。但是，残酷的现实往往会让这些投机取巧的人大失所望。

不断坚持，才能不断吸引。如果把奇迹比作一个漂亮的女孩子，那么她一定很孤傲，因为她自己就是奇迹，她的众多追求者中不一定有她心仪的。在众多的追求者中，只要有一个能够坚持下去，不断付出，就一定能吸引到奇迹的注意，最后抱得美人归。

我曾经听到这样一个故事，大意如下：

一个男孩从100层楼上纵身跳下，围观的人都惊呆了，更让人吃惊的是，这个男孩竟然安然无恙！围观的人就说："这是一个奇迹！"

男孩还不死心，又爬上了100层以上的楼房，再次纵身跃下，但是他还是没有丝毫损伤！围观者惊讶得不能自己，"这又是一个奇迹！"

男孩继续往上爬，他爬到了顶层，然后继续跳下，但是他还是完好如初！围观者纷纷摇了摇头说："这不是一个奇迹。"

其实，男孩每次下跳之所以安然无恙，是因为他在绝对安全的保护措施之下所进行的实验,当时围观的人们远远地看着,并没有发现楼底下的特制防护网。不过从围观者的反应可以看出,人们已经习惯了!

这个实验说明,很多时候,奇迹之所以不再为奇迹,是因为奇迹已经深入我们的脑海了,就算吃饭睡觉,时间不断推移,奇迹依然还是奇迹,只是它的光彩早已经暗淡了下来,奇迹最终就转变为了习惯。

人都喜欢不劳而获,总是愿意去想而不去做,而这种想也只是有一段时间的热情,过了这段时间,自己的想法也会被自己否定。成功者之所以成功,主要就在于他们相信自己,并且努力创造奇迹。因为成功者创造的奇迹多了,他们也就习惯了这种奇迹的发生,如果有一天奇迹没有发生,他们反而会觉得今天缺少了什么。

我们总想成为机会主义者,恨不得全都变成哆啦A梦,每天想要什么,就能从口袋里翻出什么,这显然是不现实的。有想法固然很好,如果不去实践,想法也只是个想法而已。好的开始是成功的一半。不要轻易否定你的想法,也不要好高骛远,要一步一步去努力,被自己的想法所吸引,奇迹就会在你需要的时间地点出现。

我们再来看看下面这则故事:

1948年,有一艘船要横渡大西洋,船上有一位父亲要带着小女儿赶去美国纽约港和妻子会合。

有一天早上,海面上异常平静,碧空如洗,无电闪动,煞是好看。父亲正在船舱上用刀削着苹果,突然之间,船身发生了剧烈的晃动,父亲倒下了,而刀子则正好插到了父亲的胸口。父亲当时脸色发青,全身颤抖。6岁的小女儿被这瞬间的变故吓傻了,想要跑过去扶起父亲,但是却被父亲微笑着拒绝了。

父亲轻轻捡起掉在地上的刀子,慢慢爬了起来,擦掉了刀子上的血迹。

在此之后的三天里,受伤的父亲每天晚上依然为小女儿唱摇篮曲,清晨为她穿好衣服,带她去感受海风的吹拂,聆听海浪的声音,好像什么事都没有发生一

吸引力旋涡：
遇见生命中的每个奇迹

样。然而，父亲的面色一天比一天苍白，不仅如此，父亲的脸上还写满了忧伤。

在到达美国的前一天晚上，父亲把小女儿叫到了身边，对她说："明天，你见到妈妈的时候，一定要告诉她，我永远爱她。"

小女儿非常奇怪："你明天就能见到他了，为什么还要我去告诉她呢？"父亲微笑着抚摸小女儿的头，在她的额头上深深吻了下去。

第二天，船停靠在了纽约港，小女儿一眼就看到了母亲，欢快地喊着妈妈。就在这时，周围的人大声惊叫了起来。小女儿回头一看，原来，自己的父亲已经倒在码头上，胸口被鲜血浸湿了，父亲四周的地面也被鲜血染红了。

医生在做尸体解剖时发现，那把削苹果刀准确无误地刺进了死者的心脏，这位本来应该当场死亡的父亲却多活了三天，而且强忍病痛，就是为了不被小女儿发觉。

在医学研讨会议上，有很多人要对这件事进行命名，有人要叫它大西洋奇迹，更有人说要用这位父亲的名字命名。这时，一位老医生站了起来，只见他须发皆白，皱纹深陷，目光慈祥，散发着智慧的光辉。他大声说道："你们都说够了吧？住嘴吧！这个奇迹的名字，其实就叫'父亲'！"

在上面的事例中，父亲是奇迹的创造者，是坚定而伟大的信念使他创造了人间奇迹。其实，我们每一个活在尘世的人都是奇迹的创造者！

奇迹的出现并不是偶然的，那是我们持之以恒不断努力换来的。奇迹和我们需要彼此相互吸引，这样才能让奇迹缔造出一个个传奇。

奇迹在于吸引，更在于激发心底的潜能，使之为不断实现奇迹而付出努力。因此，要想创造成功的奇迹，就要相信自己，相信自己是无所不能的。只要我们坚持，持之以恒地去努力，就会被这种思想所吸引，这样，奇迹的出现也只是时间问题了。

> 吸引力法则

我们如果相信奇迹，那么，奇迹就会到来；如果我们不相信奇迹，总是想随波逐流，跟着别人的脚步前进，那么，我们不仅没有吸引到奇迹，反而会被奇迹所遗忘。我们总是会想，却不去做，这样，奇迹是不可能出现的。

要想奇迹出现，我们就必须有恒心，这样，奇迹才有可能眷顾到我们，让我们和奇迹进行零距离接触。

07 不要怀疑，相信就会拥有

现实社会中的人，最初时的心理都是健康的，但是有的人只要受到一点打击，就像是打击到了他们的命门，就会无法适应这样的打击，在言行举止以及心理等方面就会出现烦躁、恐惧等反常表现。在经受打击的时候，你是否觉得你的心理已经出现了上述问题？是否所有的问题都难以顺利进行下去了？

其实，这些心理的产生根源在于有的人总是自我怀疑，不敢去相信自己。如果在这种心理状态下生存，将会一事无成，根本发挥不出吸引力的重要性，反而会让自己走向深渊。如果想要让自己走出困境，最需要的就是摆脱消极心理的束缚，重新找回人生的希望。

一朝被蛇咬，十年怕井绳。正因为畏惧，所以我们才会失败，因此我们要做的就是及时调整好自己。被蛇咬了并不可怕，首先要让自己做好心理准备，有针对性地采取防范措施，这样，蛇也会变得不再可怕了。摆脱自我怀疑的心理也是如此，一定要找到根源，对症下药，方能药到病除。

自我怀疑是吸引力的大敌，如果你对自己都不能肯定，对自己都丧失了信心，别人怎么会看重你，怎么会被你所吸引？牛顿第三定律认为，力的作用

吸引力旋涡：
遇见生命中的每个奇迹

是相互的。吸引力的作用力也是相互的，如果你没有给吸引力一个"作用力"，就不会得到别人的"反作用力"，因而你就很难取得成功了。

我们平常说话，很喜欢说"但是"，如："你很漂亮，但是就是衣服不怎么好看""今天你很精神但是你怎么没穿正装啊"等等诸如此类的话。"但是"就是为了推翻你前面的话，而这样的话说了还不如不说，因为你不仅是在对别人否定，更是在对自己否定。说出这样的话，就算在之前你有再多的吸引力，自我怀疑、自己否定之后，你的吸引力就会荡然无存了。

我们不要去怀疑，相信就会拥有，如果我们在脑海里勾画出美好的未来，并且坚定不移地去思考、去努力，那么，这个美好未来就会到来。

潜能大师安东尼·罗宾提出了一个视感源的概念，比如我们想要举办一次有五万观众的演讲，我们闭上眼睛就会想到这五万人的灯光，五万人的眼神，五万人的手臂，等等。只要我们把眼睛闭上，演讲就像是真的开始一样。

如果我们敢于去想，相信自己，不用怀疑的目光审视自己，我们就会成功。如果我们总是停留在自我怀疑和自我否定的层面，我们的自信就像被白蚁啃食一样，就会逐渐消失殆尽了。

美国纽约有一个名叫大沙头贫民窟的地方，这个地方可谓臭名远扬，不仅环境肮脏、充满暴力，更是小偷强盗的寄居之所。罗杰·罗尔斯就是在这里出生的。

罗杰·罗尔斯在这个地方生活久了，就被这里的人和环境所影响，经常逃学、偷盗等，几乎把所有坏事都做了个遍。

有一天在学校，罗杰·罗尔斯从教室的窗台上跳了下来，把小拇指伸到了讲台上，想再给老师搞个恶作剧，但是没想到，罗杰·罗尔斯的这个动作正被巡察的校长发现了。出乎意料之外，校长并没有批评罗杰·罗尔斯，而是赞美他说："你的小手指非常修长，听说小手指修长的人非常有福气，在不久的将来，你一定能成为纽约州州长的。"

罗杰·罗尔斯非常惊讶，他从来没有认真考虑过自己的未来，他一直认为，自己生长在这么肮脏龌龊的地方，自己的将来一定会像这些人一样，去偷盗，去抢劫，以此来度过自己的一生。但是，校长的一番话却一下子改变了罗杰·罗尔斯的人生观，他想：原来人生也可以这么过呀！

从那天开始，罗杰·罗尔斯就开始奋发图强了，他认为校长说的话不是毫无根据的，而自己也必然会成为纽约州州长的。这样一来，"纽约州州长"的梦想就像他自己的影子一样如影随形，无时无刻不在激励着他，促使他不断向前奋进。从此，罗杰·罗尔斯彻底改变了，他不再说污言秽语了，也不再偷窃了，每天的心思全都放在学业上。

在此之后40年的时间里，罗杰·罗尔斯一直以纽约州州长的身份要求自己，功夫不负有心人，在罗杰·罗尔斯51岁那一年，他终于成为了纽约州州长。

罗杰·罗尔斯的故事很能说明问题：信念是一面旗帜，它可以改变一个人的思想和灵魂；而怀疑的人生则充满荆棘，让怀疑者寸步难行。我们要做的就是不断鼓励自己，给自己以自信，让怀疑的阴霾从人生中消散，让自己重新找回自信的美好。

如果我们自己都没有自信，那要谈何吸引到别人？怀疑的人生是没有价值的，只有自信的人生才会散发出迷人的魅力。"诗仙"李白曾说："天生我材必有用，千金散尽还复来。"自信可以让我们登上人生的峰顶，而怀疑只会让我们走向人生死胡同。

人生就像一张张理不清、道不明的网，而吸引力就像其中的千千结一般，有着无穷的张力。如果要让自己走向成功，自信是不可缺少的，因为拥有自信，这张网才能承载更强大的人生，而其中的千千结才能吸引到越来越多的千千结。

吸引力法则

著名诗人汪国真说:"有一个未来的目标,总能让我们欢欣鼓舞。就像飞向火光的灰蛾,甘愿做烈焰的俘虏。"面对目标,面对希望,我们要做的不是去怀疑,而是去努力。自信的人生才会散发独特的魅力,而怀疑的人生只会让你止步不前。

人生不是一条单行道,自信也不是盲目的自信。美好的人生得益于我们认真地分析和准确地判断,让我们活出精彩;理性的自信所发挥的力量,就是带领我们逐步向成功迈进。

08 感恩,让吸引力更有味道

一个人知道对父母感恩,这是人的本性;一个人不知道对父母感恩,就等同于机器人。人的本质特征是具有社会性,所以我们每个人的思想都必须经过社会的洗礼,才能充分展现出一个人真正的道德品质,而感恩无疑是我们每个人都必须具备的道德品质。只有懂得感恩的人,才会知道亲情、爱情、友情的珍贵;只有懂得感恩的人,才能让吸引力更有味道。

有的人总是会怀疑:"我背景不好,学历不高,我是否还能够取得成功?"其实,成功与否和学历背景没有多大关系,只要你懂得感恩,那么成功就会离你更近一步了。

如果我们不会感恩,就会变成冷血动物了,心理就会产生落差,激情就会逐渐消退,吸引力的光环也会随之消失。对恩人感恩,能够吸引到贵人,更能够很好地保持好自己的吸引力。

那么,究竟有没有什么样的力量能够持续几十年,甚至上百年呢?有,这种力量就是感恩!感恩是人性中的本能,就像乌鸦反哺一样,这是世上生物的一种生存本能,它会成就你的吸引力,指引你走向成功。

感恩是人类的最初情感,它可以激化你吸引力的磁场。不懂得感恩的人就会丧失掉自己的激情,从而一生贫困。如果我们不去感激我们身边的人,就不会学会感激现在自己所拥有的一切。生命精彩如果没有感恩的陪伴,将会变得暗淡无光。如果感恩这种情感无法出现,那么,我们所有的感觉与思想都是负面的。这些负面的感觉和思想会抹杀掉你的吸引力,不仅会失去你追求其他目标的希望,更会失去你现在所拥有的一切东西。

感恩现在你所拥有的,你才能收获更多,如果你不会感恩,只是被负面情绪所影响,那么,你的人生将会是非常悲惨的。吸引力法则是非常喜欢接受感恩这种积极思想的,并且会帮助你吸引到越来越多的同类东西。在此之前,你必须善加利用自己的感恩思想,为你的感恩开一个好头,这样一来,美好事物才会属于你。

现在的时间概念只是一个虚构的概念,爱因斯坦曾经告诉我们,世界上所有的事情都是同时发生的。如果我们能理解到这个概念并且接受的话,我们就会知道自己需要什么了,并且为之努力奋斗,不断吸引,进而达到自己的目的。

事物的存在不是偶然的,你拥有的事物也是如此,只有学会感恩,才能长久拥有这些事物。预先去感恩你即将拥有的事物,你的人生才会美好,你的吸引力才会变得强大。

在感恩节这一天,有一位先生垂头丧气地来到教堂。他在牧师身边坐了下来,开始诉说自己的苦难:"每个人都说感恩节要感恩,但是现在的我饥寒交迫,为什么还需要感恩呢?我已经失业一年多了,找工作也找了半年多,但是却没有人用我,你说,我还要感恩什么呢?"

牧师对这位先生的牢骚未加评论,而是问他:"你真的一无所有吗?其实,你拥有很多!好吧,我给你一张纸和一支笔,你把咱们两个人的问答都记录下来。"

吸引力旋涡：
遇见生命中的每个奇迹

牧师问这位先生："你有妻子吗？"

他回答说："我有妻子，但是她说我太贫穷了，就离开我了。但是我知道，她仍然爱着我。我一想到她还爱着我，我心里的愧疚就又加深了一层。"

牧师又问道："你有孩子吗？"

他回答说："我有5个可爱的孩子，虽然我不能给他们提供好的生活环境和教育，但是他们都非常听话，都很努力。"

牧师看着这位先生，接着问道："那你胃口好吗？"

他很高兴："我胃口非常棒，虽然我没有什么钱，但是我总会最大限度地满足自己的胃口，每天吃饭的时候，我都会非常高兴。"

牧师又问他："你睡眠好吗？"

他答道："我睡眠很好，每天都是一觉到天亮。"

牧师又问："你有朋友吗？"

他回答道："我有朋友，而且非常好，在我失业这段时间，他们给了我无微不至的关怀，而我却没有什么可以报答他们的，这让我深以为憾。"

牧师继续问他："你的视力怎么样？"

他回答道："我的视力非常棒，就算是很远的东西，也能一下子看清楚。"

等到这几个问题都问完了之后，这位先生的纸上就出现了6条信息：我有一个好妻子，我有5个好孩子，我有好胃口，我有好睡眠，我有很多好朋友，我有好视力。

牧师听他读完之后，就说："祝贺你！你拥有这么多美好的事物，还有什么要求呢？你回去吧！记得要学会感恩！"

这位先生如梦方醒……

很多时候，我们总是看不到自己拥有什么，反而让自己为了一些不切实际的目标疲于奔命。当目标很难实现的时候，我们更要学会感恩，感恩能让我们看清得失，能让我们发现生命中最美好的东西，能吸引我们继续追寻同已经拥有的同样美好的东西。宇宙不分好坏，积极的情感能使我们在最大限度上获得进取的能量，创造美好的未来，所以我们要保持积极乐观的心态。

经过科学家的计算，在我们大脑里，每一秒钟都会产生五六万个念头，但是我们如何有效地利用这些念头呢？这些纷繁复杂的念头，从根本上来说只有两种：一种是积极的、正面的；另外一种则是消极的、负面的。这两种念头不会同时存在，而我们大脑中想着什么，就会装下什么念头。

我们在每一天的生活中，会遇到各种各样人和事，因此就会产生各种各样的念头，而这些念头就会影响到我们一天的运气。如果我们学会感恩的话，这种感恩的积极情绪就会影响到我们每个人，就会吸引到各种各样积极的情绪，从而为我们的最终成功赢得一个好环境。

> **吸引力法则**
>
> 感恩是一种处事的哲学，也是生活中的大智慧。一个有吸引力的人，不会为自己没有的斤斤计较，也不应该一味的索取和使自己的私欲膨胀。学会感恩，为自己已有的而感恩，感谢生活给予你的一切。

09 意念是吸引力的先行

在现实中，无论我们想做什么事情，我们的意识总是活动在最前面，也就是说，只有先有意识，才能激发出我们实践的动力。如果我们想要追求成功，首先就应该在我们脑海里形成成功的意识，这样，这种意识激发出我们的吸引力，进而促使我们付诸行动，让我们离目标越来越近。

吸引定律是西方人的惊天秘密，过去知道这个秘密的都是西方的伟大

吸引力旋涡：
遇见生命中的每个奇迹

人物，比如苏格拉底、柏拉图、爱因斯坦、牛顿等人。吸引定律具有普遍意义。只要我们能够了解到这个吸引定律，世界上就不会再有办不成的事情了，而梦想也终将会实现。

吸引定律的核心就是：你的思想意识永远和你面对的现实相一致。你所要面对的现实是由宇宙中具体的事物所组成的，而我们需要做的，就是把这些事物吸引过来，让它们为己所用。

宇宙中的一切事物都是普遍联系着的，没有单一存在的孤立的事物。我们知道磁铁能够吸引另外一块磁铁，就是因为磁铁周围的东西被磁铁同化，产生了磁场，进而吸引到了同类的东西。吸引力也是如此，世界万物都可以消失，只有能量是在宇宙生成时就有的，永远不会消失的。如果把我们每个人都看成一个能量场，那么我们就可以依靠这个能量场，吸引到同类型的东西，这就是所谓"物以类聚"。

从我们呱呱坠地那一天起，我们的意识就开始存在了，并且不辞辛劳地开始了它的工作。我们现在所面对的一切，都是我们意识作用的结果。意识就是我们行动的先行，也是吸引力的先行，它可以帮助我们无限趋近于成功。

在我们的一生中，之所以会面临不尽如人意的现实，主要就是由我们的意识决定的，这种意识就是吸引力定律中不可或缺的重要组成部分。不管你怎样看待吸引力定律，它从古到今都在发挥着作用，你所经历的事情，也都是吸引力作用的结果。

在生活中我们会经历许多许多，工作上被上司批评，生活上事事不顺心，如果有人要问：难道这些也是自己吸引的吗？我要肯定地告诉你，是的！比如你被上司批评，会产生焦躁、愤怒的心理，这种心理会直接影响到你对其他事物的看法。问题的严重性在于，这种相互吸引会形成恶性循环，很有可能引发连锁反应。如果我们继续过分关注消极面，就会吸引到这些消极情绪，让自己走向死胡同。

相比之下，在对待喜欢的事物时，我们意识中就会自然产生一种愿意接受的心理，我们的吸引力就会向这些事物不断辐射出去，想要控制它们，拥有它们。我们怕失去这些美好东西，所以我们每天都想要吸引它们，试图留住它们，这时，你的心里就会害怕，害怕失去。不过事实上往往有这样的情况，你越喜欢的东西就越容易消失，因为你的意识里已经有了怕失去它的这种消极意识，这种担心就会促使你的吸引力消失，让这些美好的事物脱离于你的掌控之外。

一个小女孩的弟弟不幸患了肺炎，但是她的家里一贫如洗，根本没有钱来给弟弟治病。弟弟的病情却是越来越严重了，母亲抱着弟弟失望得痛哭流涕："你弟弟如果还想要康复，那就只能相信奇迹了！"

女孩搜了一遍全身，只找到了5美分。女孩手中攥着这5美分跑出了屋子，来到了一家百货商店。

售货员问她："小姑娘，你想要买点什么啊？"

小女孩说："我想要买一个奇迹，但是我总共只有5美分，不知道够不够？"

售货员不知道小女孩是什么意思，一时无法回答。

旁边有一个正在购物的男子听到女孩的话，不由得走过来问道："小姑娘，你能告诉我，你想买到奇迹用来做什么吗？"小女孩把来龙去脉说了一遍。

购物男子接过小女孩的5美分说："嗯，你给的钱刚刚好，正好是一个奇迹的价格。既然你这么需要奇迹，那么我就卖你一个，你赶快回家吧！你想要的奇迹马上就会出现。"

小女孩回到家中。

没过多久，女孩家门前有一辆救护车开了过来。车到跟前，在商店遇到的那名男子从车上下来，对小女孩说："我是××医院的院长，我是来还你一个奇迹的，现在我们快带你弟弟去医院吧！"

经过热心院长的精心治疗，奇迹出现了：女孩的弟弟康复了！

吸引力旋涡：
遇见生命中的每个奇迹

其实奇迹并不遥远，我们的意识时刻在左右着奇迹是否能出现。如果我们有强大的吸引力，并且付诸行动的话，奇迹的出现则是水到渠成的事情。我们已经懂得，潜意识需要什么，就会得到什么；在更多的时候，我们需要的是一种吸引，而这种吸引，指的就是可以吸引到我们身边和我们同类型的人，就像那位××医院的好心院长。

凡是认识到吸引定律的人，总是会说吸引定律有这样一个过程，即想法—需求—现实。如果说现实中有无穷无尽的财富，那么，意识就是获得这些财富的必经通道，而吸引力就是吸引财富的必备条件。

我们大多数人都读过《一千零一夜》中"阿拉丁神灯"的故事，神灯里跳出来的巨大精灵总是会重复说这样一句话："你的愿望就是我的命令。"其实，我们每个人的头脑里都有这样一个精灵，它可以为我们提供一切可以实现的目标，而后，通过我们的吸引力把这些理想变成现实。

《汉书·董仲舒传》中说："临渊羡鱼，不如退而结网。"如果我们仅仅是停留在想象阶段，那么吸引力起到的作用几乎等于零。既然需要，就要努力为之奋斗；既然渴望成功，就要勇敢追寻，这才是我们心底最真的呼唤，这才是我们实现梦想的第一步。

吸引力法则

《简易经》里所述："德化情，情生意，意恒动。"意念是生命场与生命信息流体的气机系统。意识能量充足，生命力就旺盛，意识能量不足，生命力就衰弱。

第二章
丢掉排斥和恐惧，霉运就会远离你

人生不如意事十之八九。我们遇到不顺心的事情，产生了负面情绪，应该怎么办？是抵制它还是置之不理？抵制它，我们就会发现，越是抵制，负面情绪就会越强烈；置之不理，负面情绪则会继续蔓延。那么，我们应该怎么办呢？

我们应该学会转换角度，不去想可能产生负面情绪的事情，多去想一些美好的事情，这样，正面情绪就会显现出来，而负面情绪也会因为正面情绪占主导而消失了。

01 吸引力法则不接受负面命令

在生活中我们会发现，我们越是想控制住自己的思想、情绪和行为，就越是控制不住。当你越想快速创造属于自己的美好生活，就越容易受到旧思想的干扰；速度越快，这种阻力就越强烈。

吸引力法则就是要求我们尽快摆脱上述负面情绪，不被那些负面情绪所吸引。如果我们长时间被一种负面情绪所吸引，那么，我们在接受正面情绪的时候就会遇到极大的阻力。经过一段时间的斗争，我们就会发现，"强龙压不过地头蛇"，我们的正面情绪会被负面情绪打压下去。

针对这种情况，我们最应该做的就是遵循吸引力法则，把负面情绪尽快排除掉，不要让负面情绪向我们靠拢。这种负面情绪不是单一的，而是各种因素通过不同渠道源源不断地进来。如果我们不及时关紧自己心里的那扇大门，就会被这种负面情绪所影响，而一旦被这种负面情绪所填满，等到需要正面情绪的时候就会发现，我们的内心已经再也容不下正面情绪了。

清除累积起来的负面情绪，不但会消耗掉我们大量的能量，而且有时无法被根除。如果我们不接受负面情绪，能够进行有效地排除，我们的内心就会有更大的空间来接受正面情绪。我们的内心空间是有限的，如果被负面情绪占据了，就会错过很多美好的事情。

在生活中，我们的一言一行都会让我们的内心产生各种各样的想法，大多数情感是被意识所影响的，但有的想法是没有用处的，是糟粕，不过这些想法却又很难被发现，如果我们不及时根除，就会浪费掉我们大量的时间。这就需要发挥吸引力法则的重要作用了。

吸引力法则时时刻刻都在发挥强大的作用。遇到负面情绪就及时放弃，然后,用正面情绪来取代,这样,才能让我们感受到快乐,才能让我们发现自己的目标,并且为之不懈奋斗。负面情绪就像成功路上的阴霾,如果我们不及时清理,阴霾就会越来越浓,难以根除,更有可能会使我们看不清前面的方向,被阴霾带往失败的深渊。

放下负面情绪,释放负面情绪,就会让我们体会到最简单的快乐,而吸引力法则也会把积极的正面情绪吸引过来,形成更多的正面情绪,只有这样,我们才能收到吸引力法则的最佳效果。

李女士是一家公司的销售标兵,平时业绩一直名列销售部前茅。将近年底,公司开始进行大规模的机构改革和人事调整,最近两周,李女士每天深夜才睡,躺两三个小时后仍然难以入眠,甚至连做梦都是业绩考核不过关的狼狈情景。李女士的这些情绪直接影响到平时的工作,她常常无精打采,以至于最近一段时间的业绩平平,遇到公司的高层常常表现出紧张的情绪。

那天早晨,董事长的秘书小张通知李女士,说董事长让李女士下午3点去一趟。李女士听了张秘书的话后开始变得有些烦躁不安起来,她四处跟同事打听最近有没有同事被调职,在得到没有的答案后,李女士显得更加烦躁不安起来,她生怕自己成为公司人事调整的第一旗。

中午吃饭的时候,李女士单独来到银行,给公司副总的账号上转了1万元钱,然后用手机给副总发了个信息,希望副总能照顾照顾自己。

下午,李女士紧张的来到董事长的办公室,坐在董事长面前。董事长说:"小李啊,你对公司未来的销售有什么计划?"李女士在兢兢战战中详细的讲述了自己的销售计划与公司未来的销售路线,董事长露出满意的笑容。突然,董事长的电话响了,他接了个电话,然后凝重的望着李女士几眼。

董事长挂断电话,对李女士说:"副总已经将钱转回到你的账号上了,公司不缺这些钱,公司需要的是一个真诚的人。"

心理自控能力再好的人,如果总是被负面情绪影响,也会调动起自己的负面情绪，进而造成了难以弥补的后果。事实告诉我们，如果我们被吸引力反力所影响，我们最应该做的就是学会调节，要尽快把自己的负面情绪打压下去，不要让这些情绪吸引到自己，更不要吸引到别人，以免造成意想不到的后果。

> **吸引力法则**
>
> 负面情绪一旦产生，可以通过参加体育锻炼或者户外活动来分散这种情绪。也可以通过想象，憧憬一些美好的事物，让自己身心愉快。

02 有些东西越抵抗越无法消除

在现实生活中，我们总是希望不去想一些无法改变的事实，比如上班迟到、年终奖化为泡影等，但是有时候我们越不想，这些东西离我们就会越近。这些想要抵制的思想总是如影随形，就像是狗皮膏药一样贴在我们身上，越是想除去，反而黏连得越紧。

世界上每个国家都渴望和平，但是我们越反对暴力与分裂，恐怖分子、分裂分子就越猖獗，国家稳定性就会越差；我们越去反对垄断，世界上的垄断就会变得越来越激烈……与其去抵抗，总是想不要怎么样，不如去想需要怎么样，我们更应该被正面情绪所指引，倡导和平，提倡自由贸易，这样，我们才能被正面情绪所吸引和影响，进而向成功迈进。

吸引力的反力是社会上的普遍现象，我们越是反对抵制，这些东西往往会越来越顽固。在药物使用上就有这样的情况，抗生素可以用来杀菌消毒，但是如果我们把药量加大，用药时间过长的话，细菌和病毒就会产生抗药性，让抗生素永远失去作用。此外还有，比如现在电脑使用越来越普及，但是电脑病毒应运而生，而且我们越是抵制，电脑黑客就越猖獗，制造出的病毒就越难以去除，虽然网络反病毒专家不断与时俱进，但是却无法一劳永逸。所有这些这就像我们所说的"道高一尺，魔高一丈"，我们越是抵抗，负面情绪就会越来越顽强，最后，你的抵抗变得不堪一击，而负面情绪会不断吸引到你，最后，你为抵抗付出的一切努力就会付诸流水。

心理学有一种暗示现象，越是暗示对方这是不好的东西，对方越是好奇，越是采取非常措施，按你的暗示去尝试一番。

英国有一家灯泡生产商，为了避免小孩子把灯泡当成食物而放到嘴里，就在灯泡上写上"不要把灯泡放到嘴里"的警示标语。没想到厂商越是如此说明，就越有小孩耐不住好奇心的吸引，把灯泡放进嘴里，拔不出来，最后只得叫来救护车，问题才得以解决。

吸引力反力是心理学暗示现象的一种：我们越是想抵制负面情绪，负面情绪就越猖狂，并逐渐吞噬掉正面情绪，最后，我们的正面情绪会被腐蚀干净。

我们所抵抗的东西会不断生长，最后变得一发而不可收拾。我们总是希望自己变得漂亮、帅气，但是现实中却恰好相反，因为我们总想着自己现在的美丑，继而影响到了自己未来的走向，抵抗就会变得绵软无力。这种抵抗为我们带来的将会是可怕的消极情绪的深远影响，最后，我们也会被这种消极情绪所同化。

面对负面情绪的时候，我们要做的不是去抵抗，而是去想一些积极的情绪，如果现在我们悲伤，就应该想到快乐；如果我们拖延，我们就应该想到进取；如果我们愤怒，我们就应该想到平和，诸如此类。只要我们不去抵制负面情绪，而是去想一些与之对应的积极情绪，我们就会被这样的积极情绪所吸引，进而过滤掉了那些负面情绪。

教育家陶行知在当校长的时候，有一次，他看到一名叫王友的学生正在用泥

吸引力旋涡：
遇见生命中的每个奇迹

块砸同学，就当即走了过去制止了他，并让他放学后到校长室来一趟。

陶行知放学之后来到了校长室，王友早已经等候在那里了。王友知道今天的训斥是必不可少的，所以就低下头，摆出一副可怜的样子。

陶行知看到王友，掏出一块糖来，微笑着说："这是我给你的奖励，你准时到来了，而我却耽误了。"王友非常惊讶，但还是伸手接过了糖。

陶行知又掏出来一块糖来，说："这也是奖励给你的，因为你知错能改，我不让你用泥块砸人，你就马上停止了这个危险动作。"王友把眼睛瞪得老大，不敢相信陶行知竟然没有训斥他，反而先给了自己两块糖果。

陶行知继续掏出第三块糖果："我去调查了一下，你用泥块砸那些男生，是因为他们做游戏不守规则，总是欺负别的女孩。你用泥块砸他们，说明你非常勇敢，并且敢于同坏人作斗争，这第三块糖你是受之无愧的！"

王友感动得哭了："校长，你还是打我骂我吧！我用泥块砸的那些人不是坏人，是我同学……我知道我错了！"

陶行知非常开心，又掏出第四块糖："你能正确地认识到自己的错误，我决定再奖励你一块糖。但是现在，我身上的糖已经给你发完了，我看我们今天的谈话也到此为止吧！"

从上面的事例中我们看到，陶行知的四块糖换来的是强大的吸引力，他没有直接去训斥王友，他知道，越是训斥，王友就越会抵抗，最后，不仅不可能解决问题，反而会把简单的问题复杂化，而王友一旦被这些负面情绪所吸引，就很难再浪子回头了。

积极情绪能够吸引人，负面情绪也能吸引人，关键是要看我们怎么想，怎么做。有什么样的想法就会产生什么样的做法。如果我们总是被负面情绪所吸引，把握不好尺度，最后只能是在负面情绪的泥潭里越陷越深。

我们经常会发现，理想和现实有很大的差距，最根本的原因就是吸引力的反力在起作用，而这种反力为我们带来的将是无穷无尽的负面情绪，一旦把我们带上邪路，就很难把握住自己了。

相互对立的事物总是相生相克的，你越反对它，它就会越强烈。面对吸引力反力的时候，我们应该相信自己，及时调整好自己的心态，用积极的情绪吸引自己，不断向成功迈进。如果我们用正面思维去对待的话，就可以不费吹灰之力地将负面情绪根除了。

> **吸引力法则**
>
> 在现实生活中，我们总是希望不去想一些无法改变的事实，比如上班迟到、年终奖化为泡影等，但是有时候我们越不想，这些东西离我们就会越近。这些想要抵制的思想总是如影随形，就像是狗皮膏药一样贴在我们身上，越是想除去，反而黏连得越紧。
>
> 相互对立的事物总是相生相克的，你越反对它，它就会越强烈。面对吸引力反力的时候，我们应该相信自己，及时调整好自己的心态，用积极的情绪吸引自己，不断向成功迈进。如果我们用正面思维去对待的话，就可以不费吹灰之力地将负面情绪根除了。

03 看开一点，忽略了它就会消失

既然无法得到，不如就放手放它去吧！也许山的那一边有更好的风景！忘记才会减轻我们内心的负重，才会让我们学会解脱。如果我们脑子里总是对某件事或者某个人无法忘却，总是耿耿于怀的话，那么，我们的心理负担就会不断加剧，就会陷入难以摆脱的梦魇。

吸引力旋涡：
遇见生命中的每个奇迹

吸引力法则认为，如果我们越是在意一种情绪，这种情绪对我们的影响就越大；相反的，如果我们忽视这种情绪，让这种情绪逐渐变淡，随着时间的推移，这种情绪就自然会消失。我们要让负面情绪逐渐淡化，这样才能收到最佳效果。

对待负面情绪，如果只是一味地抵制，就会遭到负面情绪的抵抗，最后造成两败俱伤的后果。比如医生在对待病情严重的人时，一般会先用平和的药物对患者进行调理，等到病体平和之后，再用猛药进行治疗，这样才会收到药到病除的效果。由此可见，越是在意的，吸引力的反力就会越大，在我们脑海里的这种情绪就越无法根除。正是因为你脑海里不断被情绪所影响，所以你才会在意，而这种情绪就会变成你挥之不去的梦魇。

在生活中，我们对待滔滔不绝说话的人也是如此，如果我们也和他一样滔滔不绝的话，只会激起和强化对方的对抗意识，他们就会变得更加口无遮拦，这时你再想抵制，就变得非常困难了。

如果对某件事或者某个人念念不忘，那么这件事或者这个人我们就很难忘记；如果我们在意识中能把不好的情绪过滤掉，那么，我们就会变得心如止水，再难被负面情绪影响到了。

诚然，吸引力的周围会产生磁场，不管是好的事情还是坏的事情，它都能照单全收。不管是快乐还是悲伤，只要我们拥有这样的情绪，它就会吸引到同类的情绪。我们要做的就是过滤掉这些不好的情绪，让快乐吸引到积极的情绪，这样，我们的人生才会快乐，才会幸福。

三国时期的关羽，在一次战斗中，不幸被毒箭射中胳膊，为了治疗受伤的胳膊，华佗决定为其医治。但在当时，医疗水平还非常落后，根本没有好的麻药为关羽缓解病痛。为了能够及时处理伤口，华佗决定马上为关羽医治。华佗取出刀来，直接为关羽刮骨疗伤，而关羽则是喝酒下棋，状似悠闲，丝毫没有病痛的感觉。只见关羽臂上鲜红的血液涓涓而出，骨头被刮得沙沙作响，但是关羽仍然处之泰然，好像刮骨疗伤这件事不是发生在自己身上的。最后，治疗完受伤的胳膊，华佗惊称关羽为"天人",竟然能忍受这么大的病痛。

如果我们学会遗忘,把生命中的一些不愉快写在纸上,折成纸飞机,扔进无边的大海中,这时,我们的心里就会变得轻松多了。

人生的最高境界,不是在于拥有,而是在于遗忘,遗忘可以为我们的心灵减压,可以让我们卸下心灵的沉重,找到人生新的起点。如果我们不想失败,最好的办法就是把"失败"两个字从我们的意识中彻底删除。因为失去了关注,就不会吸引到这些事情,更不会让这些事情发生了。

真正取得成功的人,都是善于利用吸引力法则的人。越是追求成功的人,就越会把成功的意识放在自己心中,让成功的意识在自己的心底生根发芽,逐渐长成参天大树。与此同时,他们更能忽略失败,让失败的阴影逐渐离自己远去。正是因为这样,成功的阳光才照进了成功者的心灵。这样的内心修为,恰恰就是我们每个人应该学习的。

吸引力法则

遗忘可以摆脱伤痛,而记忆则会加深伤痛。人生的苦难都是被我们吸引过来的,与其吸引苦难,不如看开一点,让苦难都随风去吧!不去想它,告别负面情绪,我们才能继续朝着成功的方向迈进。

吸引力法则中也是如此。我们越是在意一种情绪,这种情绪对我们的影响就越大;相反,如果我们忽视这种情绪,让这种情绪逐渐变淡,随着时间的推移,这种情绪就自然会消失。我们就是要让负面情绪逐渐淡化,这样才能收到最佳效果。

04 如果你不喜欢什么事发生,就不要去想它

机会总是眷顾那些有准备的人,同样,机会不会喜欢那些投机取巧的人。如果我们想要成功,就要放下成见,让自己的内心服从于自己的主观意愿。如果我们总是去想不喜欢的事情,我们的潜意识就会被自己的想法所吸引,而一件事情你越是不喜欢,心底越担心它发生,在这样的状态下,这件事情就在你潜意识的吸引下发生了。

俄国著名作家车尔尼雪夫斯基主张,应该将多样憧憬服从于主要憧憬,这才是"一个具有崇高德行的人",他还坦言:"不错,为了这,我必须常常跟自己作斗争。"我们在人生中会遇到各种各样的风景,但是我们不能因为走得太远,而忘记了当初为什么要出发。

在人生旅途中,最好的风景永远都在路上,如果我们总是拘泥于身边的无用之事,就会错过了人生中最美的风景。不要去想不喜欢的事情,只要让它淡化,喜欢的事情就会出现。

吸引力在很大程度上说的是注意力,不管是你的思想还是你的视觉,长久注意到的东西就会被吸引,而吸引到的这些东西就像是滚雪球一样越滚越大,很难剥离。如果希望不喜欢的事情不发生,我们最应该做的就是不去想。我们越是去想,越是会被吸引。如果我们对不喜欢的事情不闻不问,不萦于怀,不喜欢的事情就自然会远离我们。刻意地去想就会产生吸引力,与此同时,也会产生吸引力反力,而任凭风浪起,稳坐钓鱼台,就不会出现那么多无可奈何的事情了。

有些人喜欢毫无意义地唠叨,如果我们总听到这些话,耳濡目染,就会被其左右,最好的办法就是保持本我,不被表面现象所蒙蔽,让吸引力在最

适当的地方发挥出最大的威力。我们每个人不仅拥有实实在在的物质世界，而且拥有非常真切的精神世界。精神世界包括我们头脑中各种各样的意识，这些意识有无穷无尽的能量，可以对我们的欲望做出最合理的分析。而我们要做的，就是去其糟粕，取其精华，这样留下来的，才是最好的。

中国古人常说，"由俭入奢易，由奢入俭难"，足见很多坏习惯一旦养成就很难改掉。越是众人不喜欢的东西，越是有人喜欢"虽千万人吾往矣"，这是人性中的本能，总是喜欢叛逆。事实往往与大多数人的愿望背道而驰，最后的结果是惨痛的。

不喜欢的事就是违背我们主观意愿的事，我们要做的就是不去想它，不要被这些不喜欢的事所吸引，我们要做的就是不断追求自己喜欢的，不断被吸引，不断去吸引，这样，我们的人生才会快乐。

唐朝时，有思想家写了本书叫《无能子》，书中的主人公只有一人，那就是"无能子"。就在这个人身上，发生了很多有趣的故事。

无能子居住在一家姓景的人家。有一天晚上，这家院子里的树上来了一只猫头鹰，总是咕噜噜地叫，非常难听，景家人非常生气，就找到弹弓，准备把这只猫头鹰打死。

正当此时，无能子跑了过来问道："你们在干什么？为什么要打猫头鹰？"

景家人说："你没听老人说过吗？猫头鹰很不吉利，它飞到谁家，就是在数谁家的眉毛，数清楚之后，这家的人就会死了。现在，如果我能把它打死，我的家人才不会出事。"

无能子哈哈大笑着说："鸟怎么能决定人的生死呢？猫头鹰来了，也不一定会带来灾难，凤凰来了，也不一定能带来什么好事，我们还是随遇而安吧，不要去打它了。"

景家人听完无能子的话，觉得很有道理，就不打猫头鹰了。半个月过去了，景家也没发生什么事。

吸引力旋涡：
遇见生命中的每个奇迹

其实，很多我们不喜欢的事情是很难发生的，而这些事情有时候会发生，主要原因就是因为我们潜意识在影响我们。假如我们的思想中总是相信这些事情会发生，那么，这些事情最后就真的会发生。

在生活中，医生给病人打针是司空见惯的事，并没什么可怕的，但是在小孩看来就是一件天大的事情。小孩子在打针之前就开始一把鼻涕一把泪的，针还没打呢，就开始哭了，本来没什么可怕的打针也会变得非常痛苦了。

在古代，行军打仗之前总会有一些忌讳，当这些忌讳出现的时候，将士就会产生消极的心理，出征之前，将士的心里就会想：这次出征是否真的会有去无回？自己可不想死啊！如果全军将士都被这种思想所吸引，战败就是注定的事。

人是有信念的，我们要注意信念的吸引力，不能让信念被不喜欢的事情吸引住。我们要做的就是不断地去关注成功，这样才能不断地吸引成功，才能被成功所青睐。

吸引力法则

俄国著名作家车尔尼雪夫斯基主张，应该将多样憧憬服从于主要憧憬，这才是"一个具有崇高德行的人"，并且他坦言："不错，为了这，我必须常常跟自己作斗争。"我们在人生中会遇到各种各样的风景，但是我们不能因为走得太远，而忘记了当初为什么要出发。

人是有信念的，我们要注意信念的吸引力，不能让信念被不喜欢的事情吸引住。我们要做的就是不断地去关注成功，这样才能不断地吸引成功，才能被成功所青睐。

05 让潜意识为你服务

人的行为受潜意识支配,你想要做成什么事情,关键要看你的潜意识。如果我们跟弱者比,就会越比越弱;如果我们跟强者比,就会越比越强。如果我们很强大,就能够控制住潜意识;如果我们还不够强大,只能被潜意识所吸引,在潜意识的操控下越走越远。

只有顶尖人物,才勇于接受最严格的挑战。一流的人物,来自一流的潜意识,而一流的潜意识被一流的人物来使用,才会发出最大的威力。

潜意识是一个很微妙的东西,记住一件事情很不容易,因为它需要我们在脑子里反复温习,这就需要我们潜意识的不断影响;忘记一件事也是很不容易的,因为这件事已经在我们脑子里出现了,忽然之间要把这件事从我们的脑子里连根拔起,这必然会受到我们潜意识的阻挠。

潜意识就像是一种似有似无的东西,包含了我们一切感知认知的信息,并且能把这些信息分门别类,进而产生新的意念。我们需要做的就是,通过潜意识的能动作用,把我们的梦想、目标转化成积极意识,然后不断吸引同类意识,这样,我们才会把潜意识利用好,进而向着成功迈进。

阿里巴巴创始人马云说:"今天很残酷,明天更残酷,后天很美好,但大多数人会死在明天晚上。"不要因为今天、明天的残酷而放弃后天的美好,我们最应该做的就是善加利用潜意识,让潜意识在我们的不断吸引下发光发热,为我们在成功的道路上前行提供一个很好的助力。

潜意识不会因为我们不去思考而停止,它会在某一个时间迸发出来,而这种潜意识就是灵感,就是机会。如果想要成功,就要注意自己的潜意识,它是我们成功不可或缺的重要因素。吸引力法则就是唤醒和激发我们的潜意识,发挥出我们的潜能,这样,成功才会被我们所吸引。

吸引力旋涡：
遇见生命中的每个奇迹

通常我们很少去运用潜意识，尽管潜意识中有很大的能量等待开发。但是如果要想让潜意识发挥积极作用，我们最应该做的就是了解潜意识的规律，不断地去吸引同类意识，以此来激发出潜意识的正面能量，让它们为己所用。

潜意识从某种意义上说就是我们的潜能，只有善加利用，我们才能吸引到它，让它帮助我们取得成功。生活中很多人都没有意识到自己拥有这样的"超能力"，总是认为潜意识是可遇而不可求的。但是我们要知道，我们在持续关注一件积极的事情的时候，会激发出潜意识的能量，不断吸引自己，不断吸引成功，可以帮助我们离成功更近一步。

很多科学家都是利用潜意识的高手，他们利用潜意识激发出了自己的潜能，因而取得了科研上的辉煌成就。

弗里德里克是发现苯结构的科学家，但是在很长一段的研究过程中，弗里德里克都不知道苯的内部结构是怎么样的，原子是怎么排列的。这个问题让他困惑了好久，一直都没有得到答案。

有一天晚上，弗里德里克在睡觉的时候做了一个梦，梦境里有一条蛇，蛇头咬住了蛇尾巴，形成了一个圆形。早上刚一起床，弗里德里克的脑海突然联想到到苯分子的原子结构很可能是一个环状。

在梦的启示下，弗里德里克经过推敲、研究，再推敲、再研究，终于确定了苯的原子结构是环状的。

无独有偶，丹麦科学巨匠波恩的量子力学也是这么发现的。他在梦中梦见了一个一个的点在冲击着他，等他醒来的时候，就构建出了量子力学的雏形。

胰岛素的发现也是如此。加拿大生理学家、外科医师班廷为了能给众多糖尿病患者解除痛苦，每天都在花大量的时间进行研究。有一天晚上，班廷实在累得不行了，就躺下来休息，他梦见自己在从狗的胰腺管里提取残液，这就是胰岛素的起源。

上述几个事例说明，持续关注，就会把自己所关注的内容"写"进自己的潜意识，而这些潜意识就会在不经意的时间里比如睡梦中开始工作。高度集中的潜意识往往会吸引到成功，而合理利用潜意识就成了吸引力法则中的一个重要内容。

我们身体的每一个动作都受意识的控制，我们人生的每一步都是由我们的意识所决定的。即使我们坐着不动，我们的身体也不会停止，每个细胞、每根神经都在不停运转着，而这些都是我们无法控制的。因为这些运转着的细胞和神经有很大一部分会被潜意识吸收，这就需要我们多去吸引一些积极的意识，不要被消极意识阻塞住神经。在更多的时候，我们的潜意识是随心而发的，但是，我们需要的却是让这种随心而发的意识更趋于理性，这样，我们才能科学有效地运用潜意识，使之发挥应有的积极作用。

我们常常会看到潜意识所触发的最大潜能，比如灾难面前，幸存者之所以能够存活下来，不仅靠运气，更多的依靠就是自己的精神力量。汶川地震的时候，能够存活下来的人，都是潜意识超强的人，潜意识激发出了他们的潜能，使他们摆脱了死亡的魔爪。

积极的潜意识能够让我们的人生更精彩，更能够让我们少犯错误，少走弯路。善加利用我们的潜意识吧！

吸引力法则

阿里巴巴创始人马云说："今天很残酷，明天更残酷，后天很美好，但大多数人会死在明天晚上。"不要因为今天、明天的残酷而放弃后天的美好，我们最应该做的就是善加利用潜意识，让潜意识在我们的不断吸引下发光发热，为我们在成功的道路上前行提供一个很好的助力。

潜意识不会因为我们不去思考而停止，它会在某一个时间迸发出来，而这种潜意识就是灵感，就是机会。如果想要成功，就要注意自己的潜意识，它是我们成功不可或缺的重要因素。吸引力法则就是唤醒和激发我们的潜意识，发挥出我们的潜能，这样，成功才会被我们所吸引。

06 胆怯是一剂毒药

在中国人的传统观念中，大胆的人就是勇者，因为他们富有开拓精神，敢于冲锋在前；而胆怯的人，他们总是畏畏缩缩，做事犹豫不决，最后也就只能失败了。

人的胆怯是因为自信心不足，比如有些人说话的时候总是战战兢兢的，每天的生活也只是得过且过，把所有的愿望和目标都抛之脑后，这样的生活你不觉得很没意思吗？如果每天只是重复，你不觉得人生失去色彩了吗？

胆怯的人不仅会让生活毫无意义，而且会让自身的吸引力丧失。如果一个人总是活在胆怯的阴影下，哪还有什么资本去谈论吸引力的价值？既然不能去实践，又谈什么印证梦想的勇气？

如果我们想要成功，就要有勇抗艰难誓不回头的气概，世界上没有让人恐惧的东西，只有心怀恐惧的人。诚然，人生有顺境，也会有逆境，但人生恰恰因为经历了逆境而变得完整，如果酸甜苦辣咸少了一种，人生就会变得单调无味。如果我们再果敢一些，灾难就会望而却步，因为你的果敢恰恰吸引到了生命的眷顾，使你成功地把握住了生存的机会。

美国著名心理学家弗洛姆曾经做过这样一个实验，他找来几名学生，把他们带进一个伸手不见五指的神秘房间。这几名学生匆匆穿行而过，并没有感觉到有什么不妥。

过了一会，弗洛姆打开了房间的一盏灯，但是房间仍然显得比较昏暗。这时，学生们被身边的景象惊呆了。原来，这个房间的地面就是一个很大的水池，水池中有各种各样的毒蛇，有的毒蛇竟然昂起头，"咝咝"地吐着信子。而弗洛姆和这几名学生就是从水池上面的木桥上走过来的。

弗洛姆问学生们："现在，你们还有谁愿意从这座桥上走过去？"

学生们面露恐惧，心生胆怯，面面相觑，很长时间都没人做声。

过了一会，有三名学生站了出来，他们两腿都在打战，好像桥下的毒蛇近在咫尺一样。第一名学生来到木桥上，然后小心地走着，速度非常缓慢；第二名学生走到一半的时候，就再也坚持不住，停下了；第三名学生一开始就不敢走动，他趴在桥上慢慢挪动，费了九牛二虎之力才爬到了对面。

过了一会，弗洛姆又打开了房间里的几盏灯，房间里顿时亮堂起来了。学生们再看桥下，他们发现，桥下不远的地方就放着一张安全网，因为网的颜色是黑色的，在昏暗的屋子里学生们都没有发现。

弗洛姆又问："现在，你们还有人敢通过这座桥吗？"

学生们再次默然不语。弗洛姆问学生们为什么，学生们反问："这张网的质量怎么样？能承受住我们所有人的重量吗？"

弗洛姆微笑着说："这座桥其实并不难走，只是桥下的毒蛇影响到了你们，让你们失去了信心，产生了胆怯心理，你们被这样胆怯的心理所影响，是很难通过这座桥的！"

其实，人生就是如此，太多的顾虑就会让我们的心灵戴上枷锁，在面对挑战的时候，失败的原因并不是因为我们力有不逮，也不是因为我们智商不够，更多的则是因为我们没有自信，面对困难而心生胆怯，所以根本无法吸引到成功，使失败成为必然。

所谓"无知者无畏"，在面对很多问题的时候，新人往往比较有魄力，他们初生牛犊不怕虎，敢于迎难而上，结果成为最终的胜利者。由此可见，只有不畏惧，我们才能展现出自己的魅力，才能吸引到正面思想；如果心生畏惧，早早给自己下了定义，到最后，我们就只能看到成功的背影了。

苏格拉底说："人失去了勇敢就失去了一切。"人只有战胜恐惧，才能活得勇敢。其实很多事情远没有想象中的那么复杂，就算是死亡也不过是另一种睡眠，我们的担心仅仅是在杞人忧天，不仅没有解决实际问题，反而会让自己的吸引力消失。

吸引力法则就是这样一种法则：当你的意识不断重复一种思想的时候，不管你喜不喜欢，它都会吸引这种思想的到来。因此，当我们恐惧的时候，不断重复的恐惧就会把胆怯吸引过来，而成功就在不断吸引的胆怯中溜走了。

> **吸引力法则**
>
> 在中国人的传统观念中，大胆的人就是勇者，因为他们富于开拓精神，敢于冲锋在前；而胆怯的人，他们总是畏畏缩缩，做事犹豫不决，最后也就只能失败了。
>
> 吸引力法则就是这样一种法则：当你的意识不断重复一种思想的时候，不管你喜欢还是不喜欢，它都会吸引这种思想的到来。因此，当我们恐惧的时候，不断重复的恐惧就会把胆怯吸引过来，而成功就在不断吸引的胆怯中溜走了。

07 背信弃义，会让吸引力失去光彩

在所有的人生缺点里，背信弃义尤为让人不齿。人无信不立，如果没有诚信，我们自身就会发出轻诺必寡信的负面吸引力，而这种吸引力能吸收到的全是消极思想；如果消极情绪不断累积的话，我们将会成为地球上最特立独行的人，为世人所不容。

诚信是人的立世之本，而诚信的光辉也能在我们的身边不断显现出来。我们听到过很多比如春秋时期"季札悬剑"之类的诚信故事，散发着魅力无穷的人性光辉，吸引了后世数代人的关注，让我们明白了诚信是为人处世的

根本,让我们懂得诚信就像一块金字招牌,谁失去它,就意味着失去全世界的财富。

诚信是一种潜移默化的吸引力,虽然你平时很难看到诚信的直接作用,但是当我们需要吸引力发挥作用的时候,我们就会发现,原来,诚信的作用是如此巨大。我们都听过"狼来了"的故事,小男孩一次一次地欺骗他人,换来的是自食恶果。"得道者多助,失道者寡助",讲的就是这个道理。

背信弃义只会让我们失去朋友,让我们的人生道路越走越窄,对我们根本没有任何益处。人生的道路如同"条条大路通罗马",但是假如没有诚信做后盾,条条大路会瞬间倾陷。

也许有些人会暗想,背信弃义可以让自己获得更大的利益,然而,这样的利益只是眼前的利益。如果我们只在乎眼前利益,必然会失去长远利益。

在吸引力法则中,朋友是不可或缺的一部分,而诚信就是建立友谊的最好桥梁。如果我们想要让吸引力发挥出它的最大作用,就应该在自己潜意识里把"背信弃义"这四个字去掉,把"为人诚信"四个字添加进去。这样,我们的潜意识才能摒弃消极情绪,让积极的情绪把我们的大脑填满。

古语有云:"人无信不立,国无信则衰。"诚信是我们为人处世的高尚的道德品质。如果说吸引力讲究的是同类相吸,那么而诚信就是积极情绪中的重要一环。我们拥有了诚信,才能让我们的思想充实诚信,从而吸引到越来越多的积极情绪。

从前,在一座城里,住着一位言而无信的财主和一位被人们传颂为神医的人。有一天,财主得了重病,就叫儿子把神医请来给他治病。

财主对神医说:"你要是能先治好我的病,你想要什么,我都能满足你!"

神医竭尽全力,终于把财主的病给治好了。但是财主的病刚刚痊愈,他就把自己当初的承诺给忘了。面对背信弃义的财主,神医也是无可奈何,只好离开了。

没过多久,财主的妻子也害了重病,财主就又把神医请了过来,并且说了和

吸引力旋涡：
遇见生命中的每个奇迹

上次一样的话，但是事后，财主又食言了。

神医没看到财主的诚信，对财主彻底失去了信心。心灰意冷之下，他决定不再给财主治病了。

这一天，财主又生病了，他又来求神医："前几次都没有好好回报你，这一次，等你给我治好病之后，我一定重金酬谢你！"

神医有了前几次的教训，再也提不起兴趣给财主看病了，无论财主怎么央求，神医都是无动于衷。财主因为失信而没有人给他看病，最后病死了。

吸引力法则要求我们，凡事都要讲诚信，要说得出做得到，这样才会有吸引力。上面事例中的财主总是想空手套白狼，想不花一分钱就保住自己的性命，最后的结果只能是吸引力丧失，得到结果是惨痛的。

将欲取之，必先予之。我们任何一个人都不愿意和背信弃义的小人打交道。所谓"吃一堑，长一智"，没有人会傻到总被欺骗的程度。中国人常说"事不过三"，其实，背信弃义也是如此。如果一而再、再而三地背信弃义，边就会没有人愿意帮助你了。不管什么事都怕重复，坏事重复之后就会变得更加恶劣，好事重复之后则会变成好习惯。而好的习惯、或者说讲究诚信，可以影响世风。

越是背信弃义，我们就会越吸引到消极情绪，比如恐惧、拖延、嫉妒等，只要我们有一种消极情绪，就会吸引到第二种，第三种……这是非常可怕的。我们要做的最好办法就是，在消极情绪发展的初期，就把它消灭在萌芽阶段。我们都向往生活的美好，对美好生活的向往，就会使吸引力发挥出积极的作用。

吸引力是有反力的。越是背信弃义，你的潜意识里就会觉得自己做的是对的，而这种负面情绪所产生的吸引力磁场就会继续扩大，由此带来的负面情绪的也会无限制扩大，这就必然地导致成功与你无缘了。

> **吸引力法则**
>
> 　　在所有的人生缺点里，背信弃义尤为让人不齿。人无信不立，如果没有诚信，我们自身就会发出轻诺必寡信的负面吸引力，而这种吸引力能吸收到的全是消极思想；如果消极情绪不断累积的话，我们将会成为地球上最特立独行的人，为世人所不容。
>
> 　　诚信是人的立世之本，而诚信的光辉也能在我们的身边不断显现出来。我们听到过很多比如春秋时期"季札悬剑"之类的诚信故事，散发着魅力无穷的人性光辉，吸引了后世数代人的关注，让我们明白了诚信是为人处世的根本。让我们懂得诚信就像一块金字招牌，谁失去它，就意味着失去全世界的财富。

08 越是背道而驰，吸引力的反力越大

　　我们每个人在青春期的时候，总是会叛逆，会反抗，想要争取自己越来越多的自由空间，但是现实往往是残酷的，越是反抗，吸引力的反力就越大，父母对孩子的庇护感就越强烈。父母不喜欢给孩子自由，就是因为他们溺爱孩子了，怕孩子在青春期出现各种各样的问题。

　　我们越是瞧不起吸引力，吸引力就越会给我们以无情的打击。在吸引力的方向上我们总喜欢背道而驰，越是与吸引力有关的，我们越不喜欢，吸引力向东，我们偏偏会向西，这样一来，吸引力就好像从我们身上剥离下来一样，但是我们越是想剥离，吸引力的束缚越紧。有时候，吸引力就像弹簧，你强它也强，你弱它就弱。

　　我们心里的每一种情绪都是客观存在的，我们需要做的就是不要主观

吸引力旋涡：
遇见生命中的每个奇迹

地背道而驰，遇到问题，就想一不做二不休，瞬间把问题解决掉，结果往往就会事与愿违。与其背道而驰，不如顺其自然，我们不妨去想一些美好的东西，美好的东西才会让我们的吸引力向积极的事物释放能量，使我们的人生道路越走越宽广。

不管是接受一件事情或者是抵制一件事情，我们的心里都会产生一个念头，而这个念头就是被我们的心理所吸引到的。念头不是无源之水，无本之木，而是通过我们对事物的看法反馈到中枢神经，进而做出的判断。不管我们会倾向于哪一种情绪，这都是生命，都是吸引力在不断发挥作用，引导我们不断向美好的方向前进。

公元前307年，赵国的赵武灵王经过一番考虑，打算进行军事改革，学习西北游牧和半游牧民族的服饰，并要求手下兵士学习骑马射箭，史称"胡服骑射"。通过大张旗鼓地进行"胡服骑射"改革，赵武灵王因此赢得了一代政治人杰的历史美誉。

赵武灵王的改革精神是后代人学习的榜样。我们就是要顺应时代要求，遵循吸引力法则，只有这样，我们才能突破重重阻力，取得最后的成功。在通向成功的道路上，如果我们与吸引力法则背道而驰，就会受到吸引力法则的强大反力作用，以至于一事无成。

在当时，赵武灵王一直想让自己的国家变得强大，就对谋士楼缓说："现在，我们赵国东面有齐国、中山国，西边有秦国、韩国和楼烦部族，北边有燕国、林胡。如果我们不发奋图强，不加强训练军队，等到邻国强大了，他们肯定会偷袭过来。想要强大国家，就要从根本做起。我觉得咱们穿的服装，长袍大褂宽袖口，干活打仗都非常不方便，不如胡人的短衣窄袖。如果我们把衣服改成胡人的样式，就会方便很多，干活打仗也就更加顺手；如果脚上也穿皮靴子，行动起来就将更加方便灵活。你觉得怎么样呢？"

谋士楼缓听了赵武灵王的话非常赞成，他说："咱们换成胡人的服饰，不仅有利于作战,更能学习他们的作战本领。"

赵武灵王说:"你说得很对。咱们打仗全靠步兵,非常单一。而且进攻速度缓慢,就算打败了胡人,乘胜追击的时候,也很难追上他们的骑兵,只因为我们不会骑马打仗。所以说,要想学习胡人的作战本领,首先就要学习他们的骑马射箭。"

赵武灵王的改革理论不胫而走,没想到却遭到了很多大臣的反对。他们认为服饰是祖先传下来的,不能轻易废止,坚决不同意赵武灵王的革新。但赵武灵王却认为,服饰和装备的改革关系到国家的安危,要办大事就不能犹豫。既然知道自己做得对,就必须专一地贯彻到底。

于是,在第二天上朝的时候,赵武灵王带头穿上胡人的服装出现在文武百官面前。大臣们见到他短衣窄袖地穿着胡服,都非常惊讶。赵武灵王把改穿胡服的理论和设想做了进一步阐释,底下一片议论。有的说不好看,有的说不习惯,有的说不穿本民族的服装岂不是让国家蒙羞?

有一个名叫赵成的顽固派老臣,是赵武灵王的叔父,带头反对服装改革。他是赵国一位重臣,因循守旧,十分保守。他不但语言上直接提出反对,而且还在家装病不上朝了。

赵武灵王深知,要推行军事改革,首先要通过的就是叔父赵成这关。于是,赵武灵王就亲自上门找赵成,对他反复地讲解改穿胡服骑射的好处。功夫不负有心人,赵成终于被说服了。赵武灵王趁热打铁,立即赐给他了一套新式胡服。

第二天朝会上,文官武将看见老臣赵成都穿起胡服来了,一个个顿时都没有话说,只好认同了赵武灵王的改革建议。

接着,赵武灵王训练兵士学习骑马射箭,不到一年,就训练出了一支强大的骑兵。第二年春天,赵武灵王便开始向邻国发起了进攻,连战连捷,开拓了大片疆土,疆界几乎扩大了一倍。

赵武灵王的"胡服骑射"改革终于取得了空前的成功,在历史上留下了浓墨重彩的一笔!

吸引力旋涡：
遇见生命中的每个奇迹

我们应该可以想到，在几千年前的中国，这样大胆的革新是会遭到阻力的，但是赵武灵王顺应了历史发展的要求，发挥出吸引力的作用，达成了自己的目标。

吸引力法则是超越感性、超越理性的，它不需要考虑那些虚无缥缈的事情。就像夜晚开车，汽车的前灯不需要照得很远，只要能照亮汽车前面一二百米的地方就足够了。吸引力法则强调的是，我们需要做的首先是小范围的努力，然后再不断吸引，不断扩大，让吸引力法则发挥出它强大的作用，为成功铲除障碍，铺平道路。

吸引力法则

我们每个人在青春期的时候，总是会叛逆，会反抗，想要争取自己越来越多的自由空间，但是现实往往是残酷的，越是反抗，吸引力的反力就越大，父母对孩子的庇护感就越强烈。父母不喜欢给孩子自由，就是因为他们溺爱孩子，怕孩子在青春期出现各种各样的问题。

我们越是瞧不起吸引力，吸引力就越会给我们以无情的打击。在吸引力的方向上我们总喜欢背道而驰，越是与吸引力有关的，我们越不喜欢，吸引力向东，我们偏偏会向西，这样一来，吸引力就好像从我们身上剥离下来一样，但是我们越是想剥离，吸引力的束缚越紧。有时候，吸引力就像弹簧，你强它也强，你弱它就弱。

09 顺其自然，吸引力法则才会发挥作用

现实生活中,太过刻意的东西反而会不完美,而顺其自然的东西反而会非常美好。俗话说"人生不如意事十之八九",与其为不可能发生的事情担忧,不如去做一些自己有把握的事情,这样我们才能吸引到好心情,让我们每天的工作都事半功倍。

春秋战国时期,在宋国有一个人总是怕自己的禾苗长得不够高,就自己做主,把禾苗拔高了一些。劳作了一天,这个人非常疲劳。等到了第二天,他再去看的时候,被他拔起的禾苗都枯萎了。

这个"揠苗助长"的故事说明,很多事情,往往是欲速则不达。如果我们刻意地要求某件事情达成所愿,往往就会产生焦躁不安、犹豫不决等负面情绪,而这些情绪还会不断吸引到同类的情绪,直到我们完全被负面情绪所笼罩,这时如果反观当初的刻意追求,才明白原来竟是一场空。

我们每个人的意识中都有一道虚掩的门,就是这道门起到了保护我们的作用。如果这道门不能做到开关自如,等到我们吸引到的积极情绪想进来或者是我们准备排除的消极情绪想出去的时候,我们就会变得手足无措。吸引力的法则要求我们,不要刻意大追求什么,只要我们放松心情,认真地管好心灵的这扇门,吸引力才会走进我们的内心。

人们常说"强扭的瓜不甜",比之于刻意为之,顺其自然则是人生的一种境界。不为外物所动,做好自己才是王道,而吸引力也会非常青睐这样的人。因为这样的人随遇而安,不去刻意地追名逐利,往往会比别人收获更多的东西。

在一座寺庙的后院,稀稀拉拉地长了一些枯黄的杂草,寺庙的小徒弟看到了,就去买了一包草籽,打算回来播种。但是在播种过程中,草籽被风吹得到处都

吸引力旋涡：
遇见生命中的每个奇迹

是。小徒弟眼看自己新买的草籽都被风吹散了，心里非常懊悔，就跑进屋里跟师父诉苦："师父，我想在后院里种一些草籽，没想到，还没来得及种呢，草籽都被风吹跑了。"

师父淡然一笑："没关系，草籽能被风吹走，说明草籽多半是空的，就算播种了，也不一定能长出来，你还有什么好担心的呢？随性吧！"

小徒弟回到寺庙的后院，随手捡起来一些草籽，又把它们播种到地里。就在这时，一群小鸟突然飞了过来，专挑饱满的草籽吃。小徒弟看到之后，非常气愤，就又马上跑到了师父跟前说："师父，不好了，我刚播种下去的草籽都被小鸟吃光了，这下完了，明年这片土地肯定还是今年的这个样子。"

师父呷了一口茶，淡然说道："没有关系，草籽有很多，小鸟就算再怎么吃都是吃不完的。你把心放到肚子里，过不了多久，小草就会长出来的，随缘吧！"

小徒弟对师父的回答很不满意，但是他也没有更好的办法，只好去睡觉了。他辗转难眠，一直在想那些草籽。忽然，听到外面雷声大作，不一会儿，倾盆大雨从空中倾泻下来。小徒弟的心里更担心了。等到东方刚刚泛白，小徒弟冲出了睡觉的屋子，到后院一看，发现地上的草籽都被大雨冲得干干净净。无奈之下，小徒弟又垂头丧气地来找师父了。

小徒弟惶急地说："师父师父，不好了，昨晚下的那场大雨，把草籽都给冲走了！"

师父依然非常淡定："不用担心，不管草籽被冲到哪里，它的生命都在那里继续，随遇吧！"

没过多长时间，很多青翠的小草长了出来，小徒弟原来没有撒到的地方也长出了很多小草。

小徒弟非常开心，就找到了师父："师父，我种的小草都长了出来！"

师父点了点头："恩，不错，随喜吧！"

故事中"师父"是一个得道高僧，可谓参透世间万象了。人生需要的就是这种顺其自然的心境，只有拥有这样的心境，才会被自己所吸引，不会拘泥于一时一事的得失。人生是一场马拉松比赛，而不是百米赛跑，我们需要的是持之以恒的努力,而不是一时的意气用事。

顺其自然的人往往会更有吸引力,与其费尽思量,不如顺其自然,随遇而安。不管我们今天做什么,明天的天空照样会蓝,太阳也照样会去上班。

顺其自然是一种心境,可以让我们超脱于尘世之外,不被纷繁复杂的事情所干扰。顺其自然会让我们的心里多一分明澈,让我们的人生多一分精彩。在顺其自然中,我们的吸引力也会随之不断显现出来。

顺其自然并不是消极怠工,《阿甘正传》中的阿甘说:"有一天,我忽然想要去跑步,于是我就跑了起来。"顺其自然是人性中的一种本能吸引,不管别人怎么样,自己依然走自己的路,想快就快,想慢就慢,没有人能够左右。

只要我们拥有这样的心境,就会发挥出吸引力的最大功效,而我们的人生也将会变得更加丰富多彩,充满激情!

吸引力法则

现实生活中,太过刻意的东西反而会不完美,而顺其自然的东西反而会非常美好。俗话说"人生不如意事十之八九",与其为不可能发生的事情担忧,不如去做一些自己有把握的事情,这样我们才能吸引到好心情,让我们每天的工作都事半功倍。

我们每个人的意识中都有一道虚掩的门,就是这道门起到了保护我们的作用。如果这道门不能做到开关自如,等到我们吸引到的积极情绪想进来或者是我们准备排除的消极情绪想出去的时候,我们就会变得手足无措。吸引力的法则要求我们,不要刻意去追求什么,只要我们放松心情,认真地管好心灵的这扇门,吸引力才会走进我们的内心。

第三章
调整自我,你会成为你想成为的那种人

遇到难事,我们无法突破瓶颈,止步不前,应该怎么办?我们最应该做的就是,改变能改变的,适应不能改变的。我们无法改造世界,但是我们可以改造自己;我们不能让世上所有人都满意,但是我们可以让自己满意。

我们想要改变自己,就要从自我调整开始。我们的思想只属于我们自己,为什么我们不能让快乐和我们的思想产生共鸣,让我们每一天都过得快乐呢?对,我们要快乐,所以,我们就要往思想中倾注快乐。

吸引力旋涡：
　　遇见生命中的每个奇迹

01 迈出第一步，肯定你自己

　　心理学家通过研究已经发现，我们在日常生活中遇到的各种困难，最根本的原因就在于我们无法合理地分析它，而我们自己也在不断怀疑自己，这样造成的结果，就是失败不断地在向我们逼近。

　　自我认识，是我们走向成功的一个必要前提。提高自我认识，我们才能分辨出自己的优点和缺点，才能扬长避短，激发自信。人贵有自知之明，这就是说要我们先认清自己，只有通过认清自己，才能找到属于自己的吸引力法则，不断吸引到自我，不断吸引到积极情绪，并在不断吸引中被认识。

　　自我认识不能只停留在表面上，我们更应该看到自己的内在，而这种内在就在于你由内而发的吸引力。我们的吸引力决定我们是否足够自信，遇到棘手的事情是否会人云亦云。

　　自我肯定，是我们走向成功的第一步。我们常常会给自己制定一个目标，或大或小，这个目标就像是一种无形的力量，不断吸引我们沿着它的方向努力前行。

　　中国有这样一句话，叫作"没有金刚钻，就别揽瓷器活"。这就说明自我认识是何等重要。自信和自负仅是一线之隔，关键就在于我们对自己吸引力的把握，不能因为一时的成功，让自己迷失方向。为此，我们应该掌好人生这条大船的舵，不要让我们的人生偏离航线，这样，吸引力的光芒才会放射得更加精彩。

　　我们既然能来到这个世上，就证明我们有存在的价值，就一定会有在这个社会中属于我们的一席之地。只有不盲目，不浮夸，好好把握住自己，散发出自信的魅力，我们的人生才会更精彩。

著名哲学家亚里士多德说过:"对自己的了解不仅是最困难的事情,而且也是最残酷的事情。"自我判断是一件非常困难的事情,因为它需要我们时时刻刻关注自己,不让自己被各种负面情绪所影响,只有这样,我们的吸引力才会展现出来。

我们需要的就是不断地自我审视,这样我们才能看清自己,才可能肯定自己。如果我们想要超越别人,超越自己,最需要的就是我们自己的不断完善,不断提升,只有这样,我们才能在自己的身上由内而外地打造出一种吸引力。从这个意义上说,审视自己就成了判断我们吸引力强弱的晴雨表。

自我审视需要我们找到自己的优点和缺点,总结自己的人生经验和能力,了解自己的特长,正视自己的不足,只有这样,我们才能根据自身情况,对自己做出一番全面细致的准确判断。经验就是财富,特长就是我们人生未来的发展方向,只有不断审视自己,我们才会不断被自己所吸引。而自我肯定就是一种对自我吸引力的一种肯定。

1960年,美国哈佛大学的博士罗森塔尔做过这样一个著名的实验:

新学期伊始,罗森塔尔将3名老师叫进了自己的办公室,对他们说:"经过我们对你们一年工作的评定,我们发现,你们3位是我们学校最优秀的教师。所以,我们特意挑选了100名学生,这100名学生是全校最聪明的学生,他们的智商都非常高。我把这100名学生分到你们所教的3个班里,希望你们能好好教导他们,争取让他们取得更大的成绩。"

3位老师听了非常高兴。最后,罗森塔尔还特意叮嘱这3名老师:"教导这些孩子就像普通孩子一样,不要让他们知道自己是被挑选出来的高智商学生。"3位老师欣然答允了。

一年之后,这100名学生所在的3个班果然名列全校之首。这时,罗森塔尔和3位教师说出了真相:其实,这100名学生都是随机挑选出来的普通学生,并不是特意挑选出来的高智商学生。

吸引力旋涡：
遇见生命中的每个奇迹

3位老师听完，纷纷愕然，随即想到，那我们3个人的教学水平真是太高了，无愧于"全校最优秀的教师"称号。

接下来，罗森塔尔又说出了另一个真相：其实，这3位老师的教学水平并不突出，他们也只是被随机抽调出来的老师而已。

罗森塔尔博士的实验表明，一个人能够自信是何等的重要！

我们不论做什么事情，第一步都是要学会自我肯定，要对自己有信心，不要轻易否定自己的能力。这种自我肯定会不断吸引我们，成功也自然会被吸引过来，奇迹也就会自然发生了。

世界上的多数人之所以是平庸者，最根本原因就是他们不能正视自己，如果不能正视自己，那还谈什么自我肯定，谈什么自信心呢？人生需要自信的魅力，只有自信的人生才是有吸引力的人生。未来是遥远的，人生是漫长的，如果想要走得长远，自信就是人生最宝贵的品质。

很多人在遇到挫折时，往往不能正视自己，破罐子破摔，每天只是得过且过，这样一来，吸引力就会完全失去作用。对自己没有自信的人，怎么能得到吸引力的青睐呢？自我肯定是吸引力起作用的前提，人生需要自我肯定，更需要吸引力的强大磁场。

吸引力法则

自我认识，是我们走向成功的一个必要前提。提高自我认识，我们才能分辨出自己的优点和缺点，才能扬长避短，激发自信。人贵有自知之明，这就是说要我们先认清自己，只有通过认清自己，才能找到属于自己的吸引力法则，不断吸引到自我，不断吸引到积极情绪，并在不断吸引中被认识。

我们不论做什么事情，第一步都是要学会自我肯定，要对自己有信心，不要轻易否定自己的能力。这种自我肯定会不断吸引我们，成功也自然会被吸引过来，奇迹也就会自然发生了。

02 相信自己是个了不起的成功者

　　成功者的道路有着惊人的相似之处,失败者的道路却是各有各的不同。成功者首先会相信自己是成功者,当困难来临的时候,他们会勇敢地站出来,承担起自己应当承担的责任。正是成功者的这种人格魅力所产生的强大吸引力,可驱散失败,吸引成功。

　　成功者的吸引力来源于自信,这种自信会不断吸引到同类的积极情绪,使成功的到来成为水到渠成的事情。我们刚说出的一些话,转眼间往往就会忘记了,但是成功者却不然,他们有信念作为先行,指引自己,向着成功的方向不断进发。

　　如果我们想要取得成功,就要为随时都有可能到来的失败做好准备,只有保持危机意识,我们才能吸引到成功,没有忧患意识的人,不是一个真正的成功者。坚定的信念是成功的基石,这样的基石可以把成功的吸引力牢牢绑在你的身上,让这样的吸引力不断感染着自己,带领自己,走向成功。

　　毫无疑问,成功是我们每个人的梦想,但是光有这些愿望是远远不够的,我们还需要在自己的脑海里勾勒出成功的清晰画面。知道自己想要的,规划好成功的每一步,我们才能被成功所吸引。

　　我们都期待完美生活,我们都希望在春暖花开的季节面朝大海,但是能够走到海边的又有几人?愿意在海边盖房子的又有几人?很多失败者并不是因为自己走错路,也不是因为能力和别人差距有多大,最主要的是因为他们只把成功放在口头上,并没有让成功发挥出吸引力的作用,产生取得成功所必备的磁场。

　　坐而论道,不如起而行之。如果我们把成功看得更现实一点,相信自己,

吸引力旋涡：
遇见生命中的每个奇迹

付出行动，那么，我想，成功就不会太遥远了。我们不能光抒发主观意愿，告诉自己该如何如何，更应该告诉自己应该怎么做，只有这样，我们的内心才会燃起希望，才会使吸引力发生作用。

别人身上的成功不是我们的成功，我们要做的就是相信自己，把成功的经验从别人身上拿过来，变成自己的。如果有一天我们拥有了非凡的自信，当别人的意见干扰到你的时候，你能够力排众议，坚持己见，拥有了这样的磁场，就等于拥有了成功的吸引力。只有在这个时候，我们才可以说：我们离成功真的很近了。

成功者之所以能得到自己想要的东西，是因为他们并不是把事情硬组合在一起，更不是盲目控制自己的心灵力量，而是靠非凡的自信，才取得最后的成功的。《易经·系辞上》说："方以类聚，物以群分。"对于具有积极意义的相同的事物，由于我们大多数人都没有去努力追求，没有揣摩成功究竟离我们有多远，所以，吸引力就逐渐变暗淡了，成功也离自己越来越远了。

宋朝大文学家范仲淹年幼的时候家里十分贫困，根本没有余钱去上学。但是范仲淹不甘平庸，便跑到寺院僧房里去读书学习。

在僧房学习的时候，范仲淹经常把自己关在屋里，废寝忘食地读书。他每天刻苦读书，就是为了能学到更多的知识。

在学习过程中，范仲淹的衣食起居条件非常简陋，他每天晚上都用糙米熬出一碗粥饭，到了早上粥饭凝固了，就拿刀把粥饭切割成四块，早上吃两块，晚上吃两块。即使生活如此艰苦，依然不能磨灭范仲淹的志向，他还是一如往常地努力读书。

范仲淹的一个同学听说他窘迫的生活状况后，就把这件事告诉了自己的父亲。同学的家人都非常同情范仲淹，父亲让儿子给范仲淹带去一些鱼肉，以使他能补补身体，更好地读书。

范仲淹看了看同学拿来的鱼肉，坚定地说："谢谢你，但是我不能要，我认为吃简陋的饭更能磨炼我的意志。无功不受禄,请你还是拿回去吧!"

那位同学以为范仲淹不好意思才没有接受的,于是,就把鱼肉放下了。

过几天,那名同学又来看望范仲淹,看到他前几天送给范仲淹的鱼肉丝毫没动,而且已经变质发霉了,于是非常生气地说:"我好心给你东西吃,你还不领情。现在东西都变坏了,这不是浪费粮食吗?"

范仲淹赶忙解释说:"并不是我想让这些东西坏掉,只是我过惯了艰苦的生活。如果我吃了这些美味佳肴,等到以后我再过回艰苦的日子就不习惯了。你和你家人的一番好意我心领了!感谢你们!"

那名同学回到家中,把范仲淹的话和父亲说了。父亲听后大加称赞,说道:"范仲淹真是一个有志气的好孩子,今后一定会大有作为!"

果然,经过刻苦的学习,范仲淹成为我国古代著名的文学家和政治家,他人穷志坚的故事也流传至今,成为鼓舞和激励后世学子们强大的精神力量。

范仲淹被成功所吸引,亲身感受成功吸引力的美妙,就算再艰苦的生活,也觉得是一种宝贵的人生历练,他能取得后来的成就,成功吸引力显然是至关重要的。

我们常常把成功者的成功归结于运气,但是现实真的就是如此吗?显然不是!那是因为成功者的坚持突破了瓶颈,让吸引力重新走到了他们的身边。相比之下,失败者则不然,他们因小失大,总是把自己不费吹灰之力得到的东西当作宝贝,然后盲目地庆幸自己已经成功了。然而,客观现实与主观幻想南辕北辙,失败者的这种成功只是一种假象而已。

我们想要成功,就要在失败和挫折中绝地反击,通过被成功所吸引,在周围产生磁场,让逆境发生逆转,这样一来,成功才会真正变为现实。想要成功的人应该懂得:成功不是一朝一夕的努力,而是数十年如一日的坚持,梦想有多大,你的能力就有多大,只有充满这样的信心,你的梦想才会变成现实。

吸引力旋涡：
遇见生命中的每个奇迹

> **吸引力法则**
>
> 　　成功者的道路有着惊人的相似之处，失败者的道路却是各有各的不同。成功者首先会相信自己是成功者，当困难来临的时候，他们会勇敢地站出来，承担起自己应当承担的责任。正是成功者的这种人格魅力所产生的强大吸引力，可以驱散失败，吸引成功。
>
> 　　我们想要成功，就要在失败和挫折中绝地反击，通过被成功所吸引，在周围产生磁场，让逆境发生逆转，这样一来，成功才会真正变为现实。想要成功的人应该懂得：成功不是一朝一夕的努力，而是数十年如一日的坚持，梦想有多大，你的能力就有多大，只有充满这样的信心，你的梦想才会变成现实。

03　最重要的是你看重自己

　　有了成功的吸引，普通人会被照亮，会重新审视自己，进而看重自己。如果你认为自己不行，那么你就肯定不行；如果你认为自己行，那么你就一定能行。这就是吸引力的力量。吸引力会在潜意识里为你营造一个成功的磁场，让你不断受到磁场的作用，进而指引自己向成功迈进。

　　回想一下我们曾经做过的事，认为自己能做好的事，我们就真的做好了；认为自己能做成的事，就真的做成了。由此可见，成功离我们并不遥远，关键在于我们是否看重自己。如果我们觉得自己完全可以，就会产生一种积极意识，就会认为成功是水到渠成的事情，结果真的成了；如果我们觉得自己完全不可以，就会产生一种消极意识，本来好的事情也会变得非常糟糕，结果真的败了。比如有一个病重的人，医生告诉他还有几个月的寿命，如果在得知自己的病情后，他情绪低落，每天都想着死亡，那么不久之后，心理防线就会崩溃,等待他的就会是死亡的降临;如果这个人非常积极,每天以乐观的心态去面对,无视死亡的存在,那么他很可能会多活几年。

看重自己,是自信心增强的一种体现,更是吸引力不断增强的结果,它可以调节我们内心封闭的世界,让我们内心不断完善,不断提升。我们可以看看那些成功的人,他们就非常看重自己,并且由此产生了非常大的吸引力,通过不断地吸引,他们无限趋近于成功,最后达成所愿。

艾文班·库伯是美国非常著名的法官,小时候的他因家境贫寒而生性懦弱。

库伯在密苏里州圣约瑟夫城里的一个贫民窟里长大,他父亲以裁缝为生,家境非常贫穷。小库伯很懂事,为了家里能够取暖,他每天都要到铁路边上捡一些煤块。每天,小库伯都是偷偷地去,因为他怕放学的孩子们看见,但是偏偏有很多次被这些孩子发现了。有一群淘气的孩子,经常看见衣衫褴褛的小库伯在那边捡煤块,就在小库伯回家的路上袭击他,以此来获得心理上的满足。

在孩子们的不断戏弄中,小库伯一直处于自卑和恐惧的状态中。直到有一天,库伯读了一本书,内心受到了非常大的鼓舞。这本书就是荷拉修·阿尔杰写的《罗伯特的奋斗》。书中描写了和小库伯一样的少年在面对不幸时,不断地进行坚强斗争的故事。同龄孩子的故事是很有感召力的。库伯被故事所吸引,他觉得自己也可以像书中的小男孩那样生活。

在读完这本书的几个月后,库伯又去铁路上捡煤。在他回去的途中,有三个男孩追在他的身后,想要羞辱他,库伯本来想逃离开,但是他坚定地停住了脚步,把煤球紧紧握在手中,就像书中的少年一样,和命运作斗争。库伯的举动让三个孩子吓了一跳。

库伯和三个男孩展开了搏斗,最后,库伯获胜了,虽然脸上和身上都挂了彩,但是库伯克服了恐惧,从此完全变了一个人。

库伯通过阅读,使自己找到了人生新的起点,并在最后成为了一名优秀法官。

看重自己,就是看重自己的人生,被自己所吸引,恐惧感也就自然会消

吸引力旋涡：
遇见生命中的每个奇迹

失了。看重自己，其实就是对自己的人生负责。有人说，人生是一场无穷无尽的行走。我们承认人生的确如此，但关键是要找到我们行走下去的动力！动力在何方？其实，动力就在我们心里，只要我们看到动力所在并坚定地走下去，人生的美妙风景就会展现在我们面前。假如我们在日常生活中只想且行且过，那么，我们的人生将会变得非常单调，就会失去了本应有的魅力，我们的人生也就不是完整的人生。

诚然，每个人面对一件棘手事情的时候，都可能怀疑自己信心不足，能力不足。但是，如果这样不断地对自己进行否定，吸引力的反力就会马上发挥作用，最后只能一无事成。

事实上，没有任何困难能把我们打倒，我们的倒地只是源于假想敌。只要我们能多一点自信，多看重自己一些，我们就能发现生命中的闪光点，进而坚定地迈向成功。

成功的关键在于，我们潜意识认为我们能成功，这样，我们才能不断被吸引，才能取得成功。其实，梦想并不是远在天边，而是近在眼前，我们需要的就是让成功不断吸引自己，自己也不断吸引成功，只有这样不断地坚持，梦想才会成为现实。

人生中没有万无一失的事情，有的只是尽全力去做的事情。不要太看重结果，其实人生沿途的风景也非常美好，因此你要告诉你自己，你是独一无二的，因为你人生的风景只有你自己才看得到，看得全。

吸引力法则

如果你认为自己不行，那么你就肯定不行；如果你认为自己行，那么你就一定能行。这就是吸引力的力量。吸引力会在潜意识里为你营造一个成功的磁场，让你不断受到磁场的作用，进而指引自己向成功迈进。

> **吸引力法则**
>
> 成功的关键在于，我们潜意识认为我们能成功，这样，我们才能不断被吸引，才能取得成功。其实，梦想并不是远在天边，而是近在眼前，我们需要的就是让成功不断吸引自己，自己也不断吸引成功，只有这样不断地坚持，梦想才会成为现实。

04 其实，你比想象中更伟大

很多人总是会问自己："为什么别人那么成功，而我却总是碌碌无为地混日子呢？""为什么别人跨一步就成功了，而我却走了好几步也没看见成功的曙光呢？"如此等等。这些人往往只停留在发牢骚阶段，口头牢骚发得多，实际做的却很少。也许我们会充满感慨，回想起当年的自己如何如何，但是我们要知道，好汉不提当年勇。其实我们远比自己想象的要伟大，所以不必刻意去回顾自己的过去，现实存在本身就是一个伟大的奇迹！

我们形容一个成功者的时候，总是喜欢说"他的身上散发着人性光辉，有着无穷的魅力"，这些就是吸引力的具体表现。人的伟大不仅能塑造伟大的人格，更能塑造超强的吸引力，这种吸引力是很难用时间和精力换来的。

那些没有目标，每天像浮萍一样飘忽不定的人，是没有任何吸引力的。他们的存在没有任何价值，因为他们没有主见，不能为社会提供任何有价值的信息。这些人生活态度不积极，总是依赖于别人，别人怎么做，他们就照猫画虎，不愿意去承受压力，更不想改变自己。这些人不仅谈不上伟大，反而非常渺小。

吸引力不仅需要创造，更需要保持。我们都是伟大的人，我们的出生就是一个伟大的奇迹。因为我们的出生是优胜劣汰的结果，是数以亿计的精子相互竞争，最后才成就了我们每个人的生命。

伟大的人生需要伟大的吸引力，我们的潜意识认为我们伟大，我们因此

吸引力旋涡：
遇见生命中的每个奇迹

才会产生吸引力。现在社会是一个多变的社会，变就是不变，不变就是变，我们不要害怕失败，更不要保守，如果我们总是故步自封，最后，失去吸引力光环的就只能是我们自己了。

吸引力反力有着强大的作用，我们越是担心，吸引力反力就越强大。我们每个人是伟大的，但是有人成为英雄，就会有人成为停在路边为英雄喝彩的普通人。但不可否认，很多有伟大思想的人最后被普通人同化了，所以，他们到最后，也就成了普通人。

我们来看看下面的实验：

有人把一条鲨鱼和一群热带鱼放在同一个池子里，池子中央放上一块强化玻璃将两种鱼隔开。最初的时候，鲨鱼每天都会拼命撞击那块强化玻璃，想到外面去觅食，但是换来的结果只是头破血流，而玻璃却毫发无损。

就这样日复一日，鲨鱼的斗志逐渐被消磨光了，即使玻璃出现了裂痕，也会有人马上补上一块更厚的玻璃。最后，强大的鲨鱼忌惮了，再也不去撞那块玻璃了，只是每天吃饲养员喂它的食物。

实验到了最后阶段，有人把强化玻璃取了出来。但这时的鲨鱼早已经没有了当初的激情，再也没有越过强化玻璃曾经所在的那个位置。

无独有偶，有人把几只跳蚤放在密封的玻璃瓶子里，在最初的时候，跳蚤试图逃出去，每次都跳的很高，但每次都要撞到瓶盖。在几次失败碰壁之后，为了不至于撞疼脑袋，跳蚤开始调整策略，虽然它仍旧在跳，但是跳跃高度已经不足以触及瓶盖。

这个时候，玻璃瓶盖被打开了，但是跳蚤仍然没有跳出瓶外去，因为它已经把自己的跳跃范围限制在自己所设定的范围内。其实，跳蚤只要稍微跳高一点，就可以获得自由，但是它没有。就算实验者再怎么拍桌子，跳蚤都静止不动。

这个世界上有很多条条框框，有他人为你设定的，也有你自己为自己量身定做的。有很多人总是拘泥于自己的方圆之地，不敢去突破，就算自己去做一件事情，也会犹豫不决，怕自己犯错。我们每个人都有惯性思维，在做一件事情之前总是先给自己定位，然后再去做，但是，最后的结果往往是：没有早一步，也没有晚一步，就那样发生了。

我们要知道，人生中的挫折或者失败，其实都是对我们的考验，我们不要因此感到愤懑，感到失望，其实，人生的美好恰恰就是从失败开始的。成功和失败只有一个转身的距离，一个人应该不仅是因为成功而伟大，也应该因为失败而后成变得更加伟大。

我们每个人的人生经历各有不同，但是我们要知道，成功能吸引到成功，失败能吸引到失败，如果你伟大，那么你将吸引到伟大的事情。每个人都有吸引力，关键就在于我们如何善加利用，让成功被吸引，这样，我们的人生才会变得精彩。

当我们处在顺境时，我们就更需要认清自己，而不是洋洋得意，目中无人，我们要做的就是看到自身的缺点和不足，这样，我们才能继续发挥出我们的吸引力，让吸引力的磁场继续扩大，进而迈向一个又一个成功；如果我们正处在逆境，我们更应该看清脚下的路，因为我们成功的路永远在脚下，只要我们没有脱离现实的掌控，把握好人生的脉搏，继续奋斗，你的吸引力就不会消失，而你摆脱失败，走向成功也就成了水到渠成的事情了。

吸引力法则

人的伟大不仅能塑造伟大的人格，更能塑造超强的吸引力，这种吸引力是很难用时间和精力换来的。

伟大的人生需要伟大的吸引力，我们的潜意识认为我们伟大，我们因此才会产生了吸引力。现在社会是一个多变的社会，变就是不变，不变就是变，我们不要害怕失败，更不要保守，如果我们总是故步自封，最后，失去吸引力光环的就只能是我们自己了。

05 改进自己，反思才能日臻完美

我们每个人年龄各有不同，性格各有不同，生存环境各有不同……种种的不同，给我们带来的是生活习惯和生活方式的差异。我们总是尝试改变自己的缺点，总是认为自己想要改变的就一定能改变，但是常常会找错方向，弄巧成拙，以至于使缺点被放大，变成难以根除的恶习。

我们每个人都有改变世界的欲望，但是往往我们只是停留在想上，却无法付诸实践。很难改变和不能改变是两个概念，很难改变因为吸引力的反力在起作用，我们越是想改变，遇到的就是吸引力反力强大的阻力；不能改变是因为一件事情已经成为既定事实了，木已成舟，生米已经煮成熟饭了，就算我们有再大的吸引力也无法改变了。

有人说人生就是一个又一个的圆，有大圆，也有小圆，关键是我们要找对属于自己的圆，不断改变自己，超越自己，这样，我们才不会在圆上迷失方向。金无足赤，人无完人。我们每个人都有缺点和不足，成功者也有，但是他们懂得运用积极情绪的吸引力，把这些负面情绪根除掉。这就需要我们学习《论语·学而》中曾子的话，即"吾日三省吾身"，每天学会反思，学会自我完善，只有这样，我们才能让吸引力更好地为我们服务。

走在人生的道路上，我们要学会调节自己，过度自信不可，过度恐惧也不可。人生有高潮也有低谷，当你处在低谷的时候，更要时时告诫自己，不能被表面现象所打倒，如果你真的在低谷中倒下了，那么你永远无法验证这个低谷给你带来的价值。我们要看得更长远一些，把低谷当成跳板。我们既可以站在人生的最高点，也可以站在人生的谷底，这样的收放自如，才能让我们的人生更加完美。

只有知道自己不完美,并且不断反思自己、改进自己的人,才能走向成功。不是每个人的吸引力都能拥有强大的磁场,只有知道现实中的人生不完美,并且努力为其添砖加瓦、不懈奋斗的人,才会得到吸引力的眷顾,吸引力也会在这时不断发挥出动人的光彩。

不管我们从事什么行业,不管我们在什么领域,不管我们取得了多大的成就,我们要做的不是自满,而是继续不断完善,不断学习,为自己不断充电,只有这样,我们的吸引力才会永葆生机,不会消退。"活到老,学到老"并不是一句空话,而是我们每个人在社会中要不断努力去做的。

其实,我们每时每刻都在改变,我们每个人的吸引力也在随之不断变化,没有一成不变的吸引力,只有不断完善的吸引力。如果我们想要跨越平庸,走向伟大,我们最应该做的就是不断自我完善,多去学习,多积累知识,这样,我们才能让自己的视野更加开阔,让自己的思维变得更加全面,而我们的吸引力所引发的磁场也就会越来越强大。

在查理·华德小的时候,他的家里非常贫困,在他刚开始上学的时候,就开始为自己的生存而四处奔波了。高中毕业之后,查理就辍学出去打工了。查理每天都无所事事,和街上的混混整天混在一起,每天就是打架、赌博。

查理身边的朋友都是一些囚犯,在这些人的熏染之下,查理勤劳踏实的性格逐渐转变了,没过多久,他加入了一个黑恶势力组织。在这个组织里,查理的工作是走私药物,拿了钱之后他就去赌钱。查理每天都处于极度快乐和极度悲伤之中。

在一次走私药物的时候,查理被逮捕了,并被判了刑。在莱文沃斯监狱服刑期间,查理受尽了折磨。查理决定越狱,每天都跃跃欲试,找机会准备逃走。

就在监狱服刑的这段时间,查理的心理发生了很大的变化,他经常看到越狱的人,在逃走之后还会被抓回来,并因此受到更为惨烈的折磨。查理觉得,与其去越狱,不如做好自己,等到自己出狱的时候,自己也不会一无是处了。查理埋在心底的良知被唤醒了,在良知的指引下,他走向了人生新的旅途。

吸引力旋涡：
遇见生命中的每个奇迹

查理每天都想要自己过得快乐，他不再打架斗殴了，每天都是尽量去帮助别人，希望别人也因为他而变得快乐。就这样，查理深得身边狱友和狱吏们的好感。

有一天，狱吏告诉查理，要他去电厂劳动。原来，在监狱电厂工作的那名囚犯马上就要出狱了，监狱电厂正是缺人手的非常时期，狱吏们就一致推荐查理去担任这个职务。但是，查理对电学知识一无所知，于是，他就到监狱图书馆借了很多相关书籍，认真地学习起来。在那名电厂工作过的囚犯的帮助下，查理很快学会了电学的相关知识。查理的表现，被狱吏们看在眼里，记在心上，最后，查理受到了监狱长的器重，成为了电厂的主管。

在此之后，布朗比基罗公司的经理比基罗因为逃税被抓进了莱文沃斯监狱，查理对他非常好，非常关心他，比基罗非常感动。等到比基罗刑满释放的时候，他对查理说："感谢你在我服刑期间对我的照顾。等你出狱之后，你就来圣保罗市找我，到时候，我会为你安排一份工作。"

查理出狱之后，就直接来到了圣保罗市。比基罗言出必行，按照当初的承诺，为查理安排了工作。就是这样，查理在布朗比基罗扎下了根，等到比基罗去世之后，查理就成为了公司的董事长。在查理的不懈奋斗下，布朗比基罗公司业绩一路攀升，最高达到5000万美元以上，把同类企业远远甩在了身后。查理也因此创造了自己人生的辉煌。

查理的故事说明，人生中的每一天都是新的，每个人每时每刻也是新的，这就需要我们每天都充电。我们不怕不敢想，就怕不敢做，人生是一个不断学习和积累的过程。我们总是认为梦想很遥远，永远都是在追寻梦想，但是，我们追寻梦想的步伐越快，离梦想的距离就越远。这就说明的我们吸引力产生的磁场还远远不够，需要通过不断学习来增强自己的吸引力，让吸引力产生更强大的磁场，只有这样，我们才能把梦想吸引进现实。

我们多数人会反思，但在反思之后，有的人依然走老路，不去改变。如果这样，你们自身的吸引力本来是多大现在还是多大，根本无法形成磁场。梦想是我们人生不断奋发的动力,而梦想的吸引力不断吸引我们去反思、去学习。这样,我们的人生才会变得完美,而梦想才会和现实离得更近。

> **吸引力法则**
>
> 我们每个人年龄各有不同,性格各有不同,生存环境各有不同……种种的不同,给我们带来的是生活习惯和生活方式的差异。我们总是尝试改变自己的缺点,总是认为自己想要改变的就一定能改变,但是常常会找错方向,弄巧成拙,以至于使缺点被放大,变成难以根除的恶习。
>
> 只有知道自己不完美,并且不断反思自己、改进自己的人,才能走向成功。不是每个人的吸引力都能拥有强大的磁场,只有知道现实中的人生不完美,并且努力为其添砖加瓦、不懈奋斗的人,才会得到吸引力的眷顾,吸引力也会在这时不断发挥出动人的光彩。

06 好习惯成就积极心态

我们每个人都有追求美好的权利,都希望自己越来越好,吸引力越来越强大,成功唾手可得,只有如此这般,我们才会觉得自己的人生有价值。但是,我们往往会因为一些坏习惯而偏离了人生的正确走向。

有些人在做事之前,总是畏畏缩缩、犹豫不决,总是认为有一些事根本无法办成,就算再怎么努力也是徒劳的。如果我们的思想被这样的消极情绪所左右,吸引力的反力就是会适时地被激发起来,严重地阻碍你的成功。一些看似不可能完成的事情,等到我们真的做到了,我们就会明白,惊喜其实

吸引力旋涡：
遇见生命中的每个奇迹

是可以叠加的，而梦想也是可以照进现实的。

有些人总是嫉妒别人的成功，总是羡慕别人的成就，但是他们却不愿意去想其中的差距。如果不去想，差距就会增大，自己的坏习惯就会不断增加，蚕食掉至关重要的信心，而积聚起来的吸引力也会瞬间土崩瓦解。

态度决定一些，如果我们不丢掉一些坏习惯，比如上班总喜欢迟到，工作总喜欢懈怠，生活上总喜欢依赖——这些坏习惯是我们人生中的恶习，那么，我们的人生末日就会很快到来。

吸引力法则认为，如果我们总是特别在意自己的坏习惯，这样，我们就会被坏习惯所左右，把所有的注意力都放到了坏习惯上。这时，不单单是我们在吸引坏习惯，更多的是坏习惯在吸引我们。为什么人生总是喜剧少，悲剧多，主要原因就是我们不能及时摒弃恶习，反而被恶习所左右，这样一来，吸引力的反力将会爆发出强大的力量，不仅会让坏习惯成为我们人生的主宰，更会让好习惯的吸引力全部消失掉。

我们每个人都会立志，但是真正能付诸行动的人却在少数，这种不够坚持的做法会让我们的坏习惯不断滋长。坏习惯给我们带来的是消极情绪，而这些消极情绪是我们通往成功路上的绊脚石。我们要做的就是多去想一些好习惯，以积极的心态来面对人生，这样，吸引力的磁场才会起到一种积极的导向作用。

世上无难事，只怕有心人。习惯也是如此，坏习惯和好习惯虽然是对立的两个极端，但是这两个极端是可以转化的，关键是看孰强孰弱。正是因为我们有明确的目标，所以我们才会让自己的习惯屈从于自己的梦想，使之吸引自己，克服阻力，走向成功。

拿破仑·希尔是美国成功学的创始人，他在年轻的时候，就确定了自己的梦想，他要成为一名作家。他知道自己需要什么，于是就去不断学习，完善自己。但他的朋友总是劝他，说他的梦想只能归结为梦想，而这种梦想是根本不可能实现的。但是，拿破仑·希尔却不相信，他每天都会早起去打工，然后用积攒下来的钱去买字典。字典里有"不可能"三个字，拿破仑·希尔认为，自己的人生没有不可能，于是，他就用剪刀把这三个字剪掉了。

从此之后，拿破仑·希尔更加严格要求自己，让好习惯不断完善自己，让"不可能"从自己的脑海中消失。

经过不断地努力，拿破仑·希尔成为了美国政商两界的著名导师，而他创造的《人人都能成功》一书，成了世界上最畅销的成功励志书籍之一。

无独有偶。维塔是一名推销员，他很年轻，非常有激情，他觉得凭借自己的不懈努力，一定能成为公司最成功的推销员。在他所在的公司，最成功的推销员是部门经理，他的推销成功的频率是一周90次。维塔决定以他为目标，一定要超过他，实现一周推销成功100次的目标。

到了周五的晚上，维塔查看了一下，他发现，自己已经成功推销了80次，100次的目标已经近在咫尺了。维塔既高兴又害怕，他怕自己会功亏一篑，但是他告诫自己，一定要成功！目标就是自己奋斗下去的动力，既然做了，就要做到最好！

到了周六下午3点钟，维塔的推销成功次数仍旧停留在80次，这段时间，他一件商品也没有推销出去。但是维塔看到的不是失望，而是希望，他坚信，梦想就在不远处，我要加油，因为成功只属于不断坚持，锲而不舍努力为之奋斗的人。

到了下午6点钟，维塔终于推销出去了3件商品。这再一次给了维塔以信心。到了晚上10点钟，维塔终于实现了一星期成功推销100次的目标。

维塔激情投入工作的态度和做法实在令人感佩！

积极的心态能够影响人，而成功更是需要积极心态的指引。只要我们被积极心态吸引，好习惯就会自然发挥出作用，而坏习惯就一定会退避三舍。世界上没有办不成的事情，只有放弃和不敢挑战的人。有人说，其实梦想比什么都宝贵，而我们却说，其实好习惯和积极的心态同梦想一样重要，因为这些是我们取得成功的基石。

吸引力旋涡：
遇见生命中的每个奇迹

　　好习惯是一种看不见的力量，但是它却能在关键时刻，引导我们向成功迈进。如果我们被坏习惯所左右，我们的人生就会变得暗淡无光，我们就难以突围而出了。我们每时每刻都要告诫自己："我是最强大的人，没有什么比我更强大！就算坏习惯也无法击倒我，它只是我们成功路上的调味品，终有一天，我们会看见成功的曙光！"

　　让坏习惯随风而去，让好习惯融进思维，只有这样，我们才能让吸引力继续在我们的人生中发光发热，才能改变人生！

> **吸引力法则**
>
> 　　我们每个人都有追求美好的权利，都希望自己越来越好，吸引力越来越强大，成功唾手可得，这样，我们才会觉得自己的人生有价值。但是，我们往往会因为一些坏习惯而偏离了人生的正确走向。
>
> 　　积极的心态能够影响人，而成功更是需要积极心态的指引。只要我们被积极心态吸引，好习惯就会自然发挥出作用，而坏习惯就一定会退避三舍。世界上没有办不成的事情，只有放弃和不敢挑战的人。有人说，其实梦想比什么都宝贵，而我们却说，其实好习惯和积极的心态同梦想一样重要，因为这些是我们取得成功的基石。

07 让吸引力的光芒如雨后彩虹般耀眼

　　成功和失败，看起来是两个对立的极端，但是如果没有失败的积淀，成功就显得没那么伟大了。正因为有了失败的积淀，才使得成功变得更加耀眼。其实，人生不在于成功了多少次，而在于我们失败之后爬起来多少次。

正因为成功路上有荆棘，有恶浪，所以我们才更需要吸引力法则，因为它可以让我们发现成功的吸引力，不会因困难而迷失方向。很多人总是感觉，成功已经很近了，仿佛成功就在眼前向我们招手致意，但是，最近的时候往往就是改变成功走向的时候。离成功越近，我们就会感觉自己的精力越接近极限，很难再向前迈进一步。在这时，我们更需要吸引力发挥作用，让吸引力继续激发出我们的潜能，这样，我们才会拥有奋斗下去的动力。

把失败当作一种历练，是人生中无法省略的事情。如果没有失败的苦涩，我们怎么能品味到成功的甘甜呢？我们要做的就是保持住自己，不要被一时一事的得失所左右。而吸引力就是我们克服困难、迈向成功的最有力保障。

我们心里总是认为，失败太可怕了，如果我们遇到，就肯定会一蹶不振，根本就谈不上什么东山再起，这样的消极情绪是非常不可取的。诚然，我们每个人都有胆小怕事的心理，但是我们越怕，灾难往往来得越快，来得越凶猛。我们要做的就是泰山崩于前而不改色，用积极的心态去迎接人生路上的困难。

其实，人生没有多大的苦难，路都是人走出来的，经验都是人总结出来的，我们每个人都是非常强大的。面对困难或者失败的时候，我们是否坚决果敢，直接影响着吸引力是否会发生作用。

想成功不如要成功，如果我们只是犹豫，只是去仰视成功，缺乏成功的信念和勇气，那么，我们的人生只能是停留在平庸的层次上，而吸引力也不会在你身上出现。如果我们有信心，做事果敢坚毅，我们的意识才会被成功所吸引。人生就是一个不断尝试的过程，不断去挑战，这样我们对于成功的执著才会体现出来。如果我们不能被成功所吸引，那么，梦想就只能停留在梦想上了。

如果我们把失败看得太重，失败之后就认为自己能力不行，那么，我们的潜意识就会认为我们真的不行，而这种"我不行"的概念就会吸引到我

吸引力旋涡：
遇见生命中的每个奇迹

们，让我们的所有意识都停留在失败的阴影中，根本无法摆脱束缚。我们最应该做的就是失败之后看到成功，被成功所吸引，这样，我们的消极心态才会变得积极，我们的人生才会充满希望。

英国著名诗人雪莱在《西风颂》中说："冬天来了，春天还会远吗？"是啊！失败都来了，成功还会遥远吗？如果我们相信自己能行，我们才会真的行；如果我们相信自己能成功，我们才会真的成功。

林肯是美国第16任总统，他是世界历史中最伟大的人物之一。他被称为"伟大的解放者"，这绝不是偶然的，下面的故事可以让我们看到林肯正直、仁慈和坚强的个性：

林肯的人生非常坎坷，并不是一帆风顺的。他经历过无数的大风大浪，但是他从来没有对自己失去信心，他知道，风雨之后，必然会出现最绚烂的彩虹。

1832年，林肯失业了，失业之后的林肯想要从政，但是他在竞选中又失败了。一年之中，林肯受到了两次这样的打击。但是林肯并没有气馁，他还是相信自己的人生不会就这么平庸度过，他相信自己会走向成功。

于是，在接下来的日子里，林肯自己创业了，但是他创办的公司经营还不到一年就倒闭了。公司倒闭还不是最坏的结果，最坏的是因为公司的倒闭而让他欠下了一屁股债。在此之后的17年里，林肯不得不努力打拼，为偿还这些债务而东奔西走。

在努力奋斗，偿还债务的同时，林肯又参加了州议员的选举，这一次，林肯终于成功了。这次成功让林肯看到了希望，他认为自己的人生终于有了转机，而此前的风风雨雨都是在为自己的成功做铺垫。

1835年，林肯订婚了，订婚之后，本来想过几个月就结婚，但是好景不长，林肯的未婚妻去世了。这件事对林肯的打击非常大，在接下来的几个月里，林肯一直是忧郁万分。

1838年，林肯觉得自己已经调整了过来，于是他决定再一次竞选州议会议长。但是，无情的失败再次出现了，林肯再次落选了。

1943年,林肯又竞选美国国会议员,但是天不遂人愿,林肯又失败了。

经历过各种各样打击的林肯已经看淡了失败,他认为多次失败过后,自己一定会有更大的成功。1846年,屡败屡战的林肯再次竞选了国会议员。这一次,命运没有再跟林肯开玩笑,林肯终于当选了。

两年任期结束之后,林肯决定继续竞选,争取连任。但是,命运又和林肯开了一个玩笑,林肯连任失败了。

从不向命运低头的林肯依然在不懈奋斗,但总是成功少,失败多。然而,林肯总能保持住激情,不会放弃,在前后9次失败之后,林肯终于成为美国第16任总统。他在任期内领导了美国南北战争,颁布了《解放黑人奴隶宣言》,维护了美国的统一,为美国在19世纪跃居世界头号工业强国开辟了道路,使美国进入经济发展的黄金时代。

林肯的故事告诉我们:人往高处走,水往低处流,我们不能因为道路崎岖就止步不前,世界上没有免费的午餐,也没有不经历失败就能赢得的成功,要想取得成功,就要经历失败的洗礼。成功之所以让人心振奋,主要就是因为失败的惨痛,但风雨过后的彩虹才是最为绚丽的。

成功散发着吸引力,就算成功再遥远,吸引力的光芒也不会消散,而失败只会让我们的吸引力之花瞬间凋零,失去了所有的光彩。人生是一个攀登的过程,攀登就意味着危险,如果我们畏缩,不仅会让自己徘徊不前,更会让自己陷入两难的境地。

为什么很多人想要功成名就,名垂千古,最后却以悲剧收场?为什么很多人想赚钱,却赚不到,依旧一贫如洗?这就是因为他们的人生立场不坚定,遇到问题就裹足不前。因此,如果我们想要成功,就应该让成功的魅力展现出来,这样,成功的吸引力才会融入我们的潜意识,而我们在这种潜意识的指引下,自然就会走向成功了。

> **吸引力法则**
>
> 　　成功和失败，看起来是两个对立的极端，但是如果没有失败的积淀，成功就显得没那么伟大了。正因为有了失败的积淀，才使得成功变得更加耀眼。其实，人生不在于成功了多少次，而在于我们失败之后爬起来多少次。
>
> 　　正因为成功路上有荆棘，有恶浪，所以我们才更需要吸引力法则，因为它可以让我们发现成功的吸引力，不会因困难而迷失方向。很多人总是感觉，成功已经很近了，仿佛成功就在眼前向我们招手致意，但是，最近的时候往往就是改变成功走向的时候。离成功越近，我们就会感觉自己的精力越接近极限，很难再向前迈进一步。在这时，我们更需要吸引力发挥作用，让吸引力继续激发出我们的潜能，这样，我们才会拥有奋斗下去的动力。

08　勇于挑战，吸引力才会青睐你

　　梦想和现实之间，我们需要什么？答案就是行动。但是，怎样的行动才会让我们取得成功呢？答案就是要勇于挑战。面对成功，我们有信心，有决心，有大无畏的精神，但是光想是没有用的，我们要做的就是把想法付诸行动。

　　吸引力需要的就是我们的勇气，只有拥有一往无前的勇气，吸引力才会青睐你。中国人常说，人定胜天。其实，现实中，我们没有解决不了的事情，面对困难的时候，我们的本能反应就是退却，不去奋斗行不行？退一步行不行？而这时，我们要做的就是把自己的后路堵死，这样，我们的潜力才能得到最大限度的激发。

　　康熙十二年春，康熙皇帝作出撤藩的决定，想要缓解三藩（平西王吴三桂、平南王尚可喜、靖南王耿精忠)对自己的威胁。但是吴三桂却不买账,采取了极端措施,准备和康熙大唱对手戏。一时间,吴三桂军队势如破竹,大清国半壁江山沦陷于吴三桂手中。康熙看到这样的局面,一时间想到了逃避,不想再做皇帝了。

清代杰出的女政治家孝庄太后对康熙说:"想解决问题,最好的办法不是逃避,而是勇敢承担起自己的责任,这样,你才能打败自己的心魔,改变现在不利的局面!"

康熙顿时恍然大悟,大胆起用汉人,让他们作为征西的先锋。最后,历时8年的三藩之乱被平定,康熙巩固了自己的帝位。

古今成大事者,不唯有超世之才,更有坚忍不拔之志。只有勇于奋斗,不能光说不练,人的吸引力才能被激发出来。有些人只是把梦想藏在心里,如果梦想在心里藏了太久,不拿出来,是不可能实现的。实践是检验真理的唯一标准。如果我们想要成功,勇于挑战就显得非常重要了。

勇于挑战可以让我们的周围形成吸引力的磁场,就算实现梦想的道路再艰辛,吸引力也能激发出我们的潜意识,不断感染我们,这样,我们才能被这种氛围熏陶。没有完美的准备,只有勇敢的实践。有人总是希望等到万事俱备,才去采取行动,但是,等到万事俱备的时候,机会早已经擦肩而过了。

虽然想法很重要,但是想法却不能给我们带来成功,任何事情,只有行动之后,才能发现它的价值。如果我们在心里说"改天再做吧"、"拖一天两天没问题",等等,如果我们被这样的消极情绪所影响,就算我们有再大的雄心壮志,也只能让雄心壮志憋在心里,永远没有实现的那一天。

面对棘手问题的时候,我们要做的就是要勇于实践。而勇气给我们带来的就是吸引力,给我们带来的就是一种磁场,而这种磁场就会由内而外地影响到我们,带领我们走向成功。

有一个年轻人在工作上很不顺,屡屡碰壁,于是,他就去拜访了一位长者,两个人不知不觉间就谈起了命运。年轻人问:"人活着这一辈子,到底有没有命运啊?"

吸引力旋涡：
遇见生命中的每个奇迹

长者说："当然有。"

年轻人更为不解地问："既然有命运，那么，不管我们努力与否，命运都是一样的了，那我们奋斗还有什么用？"

长者没有回答，而是抓起了年轻人的左手，然后给年轻人讲起手相中的爱情线、命运线、事业线等。等到长者讲完之后，长者就说："你把手伸开，然后举起左手，慢慢握紧拳头。"

年轻人握紧之后，长者问："你握紧了吗？"

年轻人说："握紧了。"

长者又问："命运线在哪里？"

年轻人本能地回答道："在我的手里啊！"

长者又问："那命运呢？"

年轻人这时才恍然大悟："原来，命运一直都在我的手里啊！"

无独有偶。有一个传教士，他在过一条河时被湍急的河流拦住了去路。这时，正好有一只船划了过来。

传教士上了船，船夫就划起船来。船在湍急的河流中非常安稳，没过多久，就到达了河中央。

传教士觉得，划船其实也挺有趣，就说："你歇一会，让我来试一试。"

船夫没有考虑就答应了。只见传教士不住地在胸口画十字，口中念念有词："上帝，赐予我力量吧！顺利把船送到对岸吧！"但是，传教士念了很长时间，船不仅没向前走，反而向后退了一段距离。

船夫实在忍耐不下去了："先生，还是让我来吧！"传教士无奈，只得退后。船夫继续划起船来，没过多久，船就抵达了对岸。

上面的例子说明，想法很重要，但是恐惧、担心只会让想法永远停留在最初阶段，而想法能给我们带来的吸引力也只能归结为空想了。命运只掌握在我们自己手中，关键在于我们怎么去做，而我们的做法就决定了我们今后的发展。如果像传教士一样，只会说，恨不得不费吹灰之力就达到目标，这样的事是不可能的。

南宋大诗人陆游在一首教子诗《冬夜读书示子律》中说："纸上得来终觉浅，绝知此事要躬行。"要想取得成功，必须要敢想敢做。如果只是习惯空想的话，那么，成功就会变得越来越遥远了。吸引力只青睐勇敢的人，中国人常常会听到"红粉赠佳人，宝剑赠英雄"这样的说法，但是何为英雄？勇敢付诸实践的人就是英雄。

梦想看起来很近，实际上却很远。如果我们只停留在想的阶段，梦想就会变得越来越远，再也无法走进现实了。我们要明白梦想的遥远，更要明白行动才是我们实现梦想的第一前提。

> **吸引力法则**
>
> 梦想和现实之间，我们需要什么？答案就是行动。但是，怎样的行动才会让我们取得成功呢？答案就是要勇于挑战。面对成功，我们有信心，有决心，有大无畏的精神，但是光想是没有用的，我们要做的就是把想法付诸行动。
>
> 梦想看起来很近，实际上却很远。如果我们只停留在想的阶段，梦想就会变得越来越远，再也无法走进现实了。我们要明白梦想的遥远，更要明白行动才是我们实现梦想的第一前提。

09 敢破敢立，才能超越自己

中国人常说"旧的不去，新的不来"，吸引力法则也是如此。我们的吸引力每天都在更新，都在变化，这是由于我们每天都在变化，就像新陈代谢一样自然。但是，如果我们每天都在不断重复地做事情，如何能超越自己，取

吸引力旋涡：
遇见生命中的每个奇迹

得成功呢！为此，我们要做的就是焕发出自己的激情，敢破敢立，超越自己，做好自己。

在人生的道路上，我们不要总去为自己找借口，不要总是为鸡毛蒜皮的小事耿耿于怀，任何事情都会随着时间和空间的消逝而不断变化。如果想要做最好的自己，就要求我们每天都要完成蜕变，让自己不断进步，这样我们才能找到全新的自己。

吸引力也喜欢懂得变通的人，这些人正是因为对自己的不满足，进而选择告别旧的自己，迎接新的自己。穷则变，变则通，肯定自己之后，我们就要认识大自己的不足，不断改变自己，使得自己符合吸引力存在的标准，让自己向它靠拢，只有这样，我们才会做最好的自己。

我们需要吸引力，吸引力也需要我们，二者是相辅相成的，并且只要运用得当，就能让吸引力法则在我们身上发挥出最好的结果。超越自己，首先要做的就是认清自己，不断努力奋斗，不断满足自己的需要，而就是在这个过程中，吸引力才会发挥出巨大的作用，融合到我们的潜意识中去，让我们重新看到人生的希望。

我们每个人都是最强大的个体，但是当我们还没有达到预期目标的时候，首先应该学会审视自己，从中发现自己需要摒弃的东西，找到值得自己坚守和发扬的东西，这样，我们才能在不破不立中，实现超越自己的目标。比如让一个人去跑步，如果没有时间限制，同样的距离，他肯定会跑得非常慢，但如果让这个人后面跟着一条凶猛的狗的话，我想，这个人就能激发出自己的潜能，突破自己的极限，大大地加快速度，实现超越自我的目标了。

假如我们现在正处于一个不好的位置，我们要做的就是及时排除掉心中的陈旧观念，迎接新的观念。只有你表现得非常强大，别人才会被你的吸引力磁场所感染，进而来帮助你；如果你软弱，别人只会远离你，根本无法感受到你的吸引力。

如果我们想要成功，首先就要拿出敢破敢立的气势来，这样，我们才能被自己的吸引力所感染，进而实现超越自己的梦想。懦弱的人是没有资格谈论成功的，如果我们像在水中渴求空气一样渴求成功，我们才会激发出自身的潜力，使之为我们的吸引力而服务。我们能复制成功的辉煌，但是却不能复制成功者的思想，除非我们拿出这种敢破敢立的勇气来。

弗兰克林是一位生物学家。1951年，弗兰克林率先发现了脱氧核糖核酸是螺旋结构的。但是他的想法却被所谓的权威们推翻了，最后，弗兰克林选择了退缩，放弃了自己的实验计划。

过了两年，沃森和克里克两位科学家也发现了这个螺旋结构，他们肯定了自己的判断，没有被别人的意见所左右，最终获得了诺贝尔奖。

小泽征尔是世界著名的音乐指挥家，他的成功不单单是因为他在音乐上的天赋，更是来源于他非凡的自信。

有一次，小泽征尔去欧洲参加指挥家比赛，在三甲争夺战中，他被安排在最后一个出场，评委在他上台之前给了他一张乐谱。

当小泽征尔进行指挥的时候，他发现乐谱中有些不对的地方，指挥的时候，他以为是演奏者的问题，但是，再演奏的时候，他还是觉得有问题。在场的评委和权威人士都认为乐谱绝对没有问题，可能是小泽征尔产生了错觉。

面对大师们，小泽征尔没有对自己的判断产生动摇，而是思考再三，仍然坚持自己的判断："肯定有问题！一定是乐谱错了！"

小泽征尔的喊声一落地，评委们就起立为他鼓起掌来，祝贺他大赛夺冠。原来这是评委们精心设下的圈套，前面的选手纷纷放弃了自己的判断，只有小泽征尔一而再，再而三的坚持，最后，夺得了这场比赛的冠军。

如果没有敢破敢立的气势，沃森、克里克、小泽征尔都不会在自己的人生道路上取得成功，他们就会像弗兰克林一样，怀疑自己，不敢坚持，最后，只能和机会说再见了。

吸引力旋涡：
遇见生命中的每个奇迹

每一位成功者的道路都是艰辛的，没有任何一个人的成功道路是一帆风顺的。我们要做的就是不为外界所动，坚持自己，这样，我们才能取得成功。

敢破敢立是一种舍我其谁的气势，更是一种非凡的吸引力，这样的吸引力会产生一个强大的磁场，不断勾起我们心底的欲望，带领我们向着成功不断迈进。人生就是一个新旧交替的过程，我们在生命中的每一天都会产生各种各样的想法，但是这些想法不会永远都是合乎规律的，当它不再适用的时候，我们要做的就是及时将它摒弃，随时补充上新的想法，以此来不断完善自己。

"信念"二字如果拆开来看，我们会发现，"信"字是由"人"和"言"组成的；"念"字是由"今"和"心"组成的。"信念"这两个字通过拆字法来解释就是"今天我们在心里对自己说的话"。我们只有在潜意识中告诉自己能行，我们才真的能行，才会有吸引力被激发出来，才会离成功越来越近。

> **吸引力法则**
>
> 中国人常说"旧的不去，新的不来"，吸引力法则也是如此。我们的吸引力每天都在更新，都在变化，这是由于我们每天都在变化，就像新陈代谢一样自然。但是，如果我们每天都在不断重复地做事情，如何能超越自己，取得成功呢！为此，我们要做的就是焕发出自己的激情，敢破敢立，超越自己，做好自己。
>
> "信念"二字如果拆开来看，我们会发现，"信"字是由"人"和"言"组成的；"念"字是由"今"和"心"组成的。"信念"这两个字通过拆字法来解释就是"今天我们在心里对自己说的话"。我们只有在潜意识中告诉自己能行，我们才真的能行，才会有吸引力被激发出来，才会离成功越来越近。

第四章
剔除消极想法，用积极的力量创造奇迹

消极想法就像枷锁，吸引力法则就像解开枷锁的钥匙。如果我们想要把消极想法从我们的思想中连根拔起，我们就要做好自己，让积极的想法驻扎在我们心里，只有如此，我们才不会让消极想法鸠占鹊巢。

如果我们想要让消极想法消失，最好的办法就是让积极的想法装满我们的内心。只有如此，我们的吸引力才会被积极的想法所左右，让我们产生一种向上的力量，带领我们不断向成功迈进。

吸引力旋涡：
　　遇见生命中的每个奇迹

01　盲从，是吸引力法则的大敌

　　盲从就是一种从众心理，而从众心理又是一种很普遍的心理活动。盲从是因为对自己缺乏正确判断，缺乏信心，对后果没有十足把握，只想跟着别人走，以此来明哲保身。

　　我们每个人都有盲从的弱点，总是喜欢听从别人的意见，别人说好，我们的潜意识中就会马上跟着说好；相应的，别人说不好，我们的潜意识中就会跟着说不好。这种盲从会迷失掉我们自己的方向，走别人走过的老路。

　　有人说"旅游就是去别人玩腻的地方看看"，其实，这句话说得很客观。我们总是喜欢随波逐流，总是觉得别人喜欢的东西就是好的，根本不去考虑这件东西是否适合自己，这类的盲从现象将会给我们带来最坏的结果，不仅会迷失掉自我，还会让我们成为别人的附属品。

　　吸引力法则首先需要我们是独立的个体，而不是任何一个人的附属品。诚然，我们都希望自己能做到最好，于是，我们不断地向别人学习。我们本以为学到的东西为己所用了，岂不知这些东西已经潜移默化地影响到了我们，让我们丧失掉了独立思考的能力，取而代之的是不劳而获的消极心理。

　　吸引力是属于每一个独立个体的。我们喜欢思考，喜欢展现出自己别样的思维，这样很好，这样不仅不会丧失掉我们的本性，而且还会让我们看到吸引力的强大作用。有主见的人有着强大的人格魅力，我们要做的就是让人格魅力永不消退，而这种人格魅力就是一种磁场，但凡走进这个磁场的人，都会被你的人格魅力所吸引，欲罢不能。

　　相对的，盲从只会让你损失掉自己本应具有的独立思考能力，让你本应具有的吸引力化为泡影。吸引力是依附于每个人身上的，它可以让成功的人更成功，失败的人反败为胜、走向成功，关键在于我们要怎样去合理利用。

有的人看到的世界很美好，而有的人看到的世界则很灰暗，关键是我们从哪个角度去看。如果我们有主见，被吸引力所吸引，我们看到的就会是美好的世界；如果我们只会盲从，就会丧失掉吸引力，眼中看到的世界也只能是灰暗的世界。

当我们总是听别人说不能做什么，这件事不可能成功等，我们就会产生同样的心理，被别人的思维所同化，这时，我们的吸引力就会变得暗淡无光了。生命的色彩关键在于每个人各有各的鲜明特点，没有雷同的，但如果我们只是盲从，别人做什么自己就做什么，我们就成了别人的复制品，别说吸引力了，就连自己本来的思维也会被抛之脑后了。

有一群青蛙准备参加一项比赛，比赛的评判标准就是到达一座高塔的顶端，谁先到达，谁就是胜利者。比赛场地坐满了青蛙，不仅有比赛的青蛙，还有很多围观的青蛙。

比赛刚开始的时候，围观的青蛙就开始鼓噪："塔这么高，根本就是不可能完成的任务，与其爬不上去，遭人嘲笑，不如早早放弃，省省力气。"一些青蛙听了之后，看看脚下，再看看塔顶，忽然觉得塔高又增加许多了，于是选择了放弃。只有很少一部分青蛙没有被吓倒，选择了参加比赛。

比赛开始了。一些坚持比赛的青蛙跳了一段路程之后，也开始疲倦了。

围观的青蛙继续鼓噪："现在离塔顶还有很远的距离，不管你们如何努力，都是徒劳的，还是放弃吧！"

听到这话，绝大多数比赛的青蛙觉得自己就算拼尽全力，也不一定能到达终点，就纷纷放弃了。这时，只有一只青蛙依然坚定地一跳，再一跳，向塔顶前进。

经过很长一段时间的努力，这只青蛙终于到达了塔顶。赛场上不管是参加比赛还是围观的青蛙都非常惊讶，它们经过了解才知道，夺冠的那只青蛙原来是一只聋青蛙。

和青蛙坚持己见相反的是一对父子。这对父子赶着一头驴要到集市上去卖，赶着驴没走多久，就有行人说他们两个太傻了，有驴竟然不骑，还要赶着走。父亲

吸引力旋涡：
遇见生命中的每个奇迹

觉得行人的话很对，于是就让儿子骑上了驴，自己继续走路。

父子两人继续前行，没走多远，有的行人就看不下去了，说骑在驴上的儿子很不孝，竟然不让父亲骑驴，不懂得善待老人，很不对。父亲觉得行人的话非常在理，就把儿子拉了下来，自己骑了上去。

没想到走了几步，又有行人说：你看这个父亲，只顾自己舒服，而不去考虑儿子的感受，让儿子辛苦走路，心多狠啊！父亲觉得这个人说的话也对，就把儿子拉了上来，两个人一起骑到了驴身上。

没走多远，又有善良的人心疼驴，说父子两人太心狠了，驴都快被压死了。父子俩听了这话，心发善念，就把驴腿绑上，抬着毛驴向集市走去。

别人的东西永远是别人的，如果只是照本宣科，把别人的东西拿过来，不去消化，那么，这些东西仍然不属于你，就像故事中在比赛中途放弃的青蛙和听行人的语不断改变行为的父子俩一样。你最应该做的就是多去吸收别人的东西，之后，经过自己的整合，让这些东西彻底地属于自己，这样，你的吸引力才会散发出来。

失败的人生会有心理阴影，而这种心理阴影是挥之不去的梦魇，就像吸引力的反力一样，越是排斥就越是难以根除。这就是一种心理盲从，是潜意识在起作用。

我们想要成功，就要做自己的主人，这样，我们的吸引力才能由内而外地散发出来。如果我们只是跟着别人走，我们就会失去自己的观点，就会失去吸引力，再也不知道自己当初为什么要出发了。

> **吸引力法则**
>
> 我们每个人都有盲从的弱点，总是喜欢听从别人的意见，别人说好，我们的潜意识中就会马上跟着说好；相对的，别人说不好，我们的潜意识中就会跟着说不好。这种盲从会迷失掉我们自己的方向，走别人走过的老路。

> **吸引力法则**
>
> 我们想要成功，就要做自己的主人，这样，我们的吸引力才能由内而外地散发出来。如果我们只是跟着别人走，我们就会失去自己的观点，就会失去吸引力，再也不知道自己当初为什么要出发了。

02 学会调节和自我激励

我们每个人都想激发出自己的潜能，想让自己最大限度地取得成功，但是事实有时却相反，越是努力的人越是难以达成所愿，而有些人并没有见到他们怎么努力，他们却成功了。这其中的关窍就在于他们懂得坚持，换一种说法，他们懂得用神妙的东西调节和激励自己。

我们每个人都会有疲劳期，不可能总关注一件事情，不吃不喝不睡，这是不可能的。那为什么很多成功人士能够坚持下来，取得成功呢？最根本的原因就是他们懂得在最适当的时候激励自己。适当地激励自己，就会让我们在最困难的时候接收来自内心的鼓舞，就可以让我们在瓶颈期继续前进。

吸引力在初期是很容易涣散的，但是随着时间的不断推移，我们被吸引力不断感染，潜意识就会和吸引力融为一体，难解难分了。但是最初的阶段，我们应该怎样度过呢？我们最应该做的就是要学会调节，学会不断地自我激励。

激励可以持续激发出我们的动力，使得我们为了实现目标不断采取行动，让我们的吸引力变得越来越强烈，不会轻易涣散。如果想要某个人高效工作，最好的办法就是不断激励。人生需要激励，没有激励的人生是没有动力的，而吸引力也需要不断激励，这样，吸引力才会长久，不会消散。

什么样的言行举止算是激励？这句话回答起来比较笼统，但是我们要

吸引力旋涡：
遇见生命中的每个奇迹

知道,激励是内心的一种积极向上的表现。我们每个人都需要激励,而激励就像是我们奋斗的助推器,不管成功的道路多么崎岖,只要能够激发我们奋斗的决心,我们就一定能成功。

如果没有了激励,军队就不可能打胜仗,交响乐也不会演奏出动人的乐章,画纸上的花鸟鱼虫也不会栩栩如生……激励是一种高效的情感,它可以带领我们向着成功不断迈进。如果没有了激励,我们每个在尘世中的人的奋斗都会显得苍白无力。激励就好比为雨后的天空挂上彩虹,为春天加上鲜花的色彩,让整个世界,让每个人的人生不再单调。

汤姆·邓普生刚出生的时候,只有一只畸形的手和半只脚,这就注定他的一生将会是非常痛苦的。但是,他的父母总是适时地开导他,让他体会到家庭的温暖,不要去想残疾的事情。邓普生也在不断地自己证明着自己,比如在野营训练的时候,别人做什么,邓普生自己也能独立完成什么。

随着年龄渐长,邓普生开始学习橄榄球。当时,很多孩子都在从事这项运动。邓普生不甘人后,为此,他还找人特制了一只鞋子。教练看到他的特殊情况,坚决不许。但是邓普生为了能够成为职业橄榄球选手,就一再地坚持。教练耐不住邓普生的坚持,新奥尔良圣徒队接纳了邓普生。

经过两个星期的了解,教练发现邓普生有着惊人的毅力和天赋,他在一次友谊赛中,踢出了55码,并且得到了分数。

邓普生不断自我激励着,他坚定地认为:正常人能做到的事情,自己能做到;正常人不能做到的事情,自己也能做到。

有一场比赛,球场上坐了六七万名观众。当时比赛只剩下几秒钟,球在28码线上,而球队又把球反推到了45码线上。在这时,教练把邓普生换上了场。

在当时,球距离得分线有45码距离,如果能把球踢好,就一定能得分。邓普生心里暗暗鼓励自己,一定要出色完成任务,不辜负教练对自己的期望。

在场的所有人都屏住了呼吸,只见球笔直而过,终端得分线上的裁判举起双手,示意球进了。邓普生为球队带来了三分,取得了最后的胜利。

很多人都非常惊讶，认为邓普生正在创造一个奇迹。赛后，有记者采访了邓普生，问邓普生成功的秘诀是什么。

邓普生回答说："我父母从小就告诉我，世界上没有任何事是我不能做的。"

人生需要激励，梦想更需要激励。不管是成功还是失败，我们都需要保持清醒：成功的时候，我们要懂得激励，告诉自己，不要为了成功而沾沾自喜，骄傲的下一步也许就是无底的深渊；失败的时候，我们更需要激励，告诉自己，梦想不是因为成功而伟大，而是因为失败而精彩。

人生没有跨不去的火焰山，只要我们学会调节和自我激励，那么，维持自己吸引力的光芒就不会熄灭。不要认为人生有什么事是不可能的，其实，人生中的任何事情都是可能的，只要我们找回自信心，运用科学合理的方式方法，成功就会在不远处等着我们。

如果我们想要成为世界上最优秀的人，想要让自己比别人做得更好，我们要做的就是不断努力，不要让我们的激情消退。如果我们能不断激励自己，让自己由内而外产生一种吸引力，就会让别人看到我们的与众不同，而我们的吸引力也会随着我们的激励而不断改变。

吸引力法则

我们每个人都想激发出自己的潜能，想让自己最大限度地取得成功，但是事实有时却相反，越是努力的人越是难以达成所愿，而有些人并没有见到他们怎么努力，而他们却成功了。这其中的关窍就在于他们懂得坚持，换一种说法，他们懂得用神妙的东西调节和激励自己。

为什么很多成功人士能够坚持下来，取得成功呢？最根本的原因就是他们懂得在最适当的时候激励自己。适当地激励自己，就会让我们在最困难的时候接收来自内心的鼓舞，就可以让我们在瓶颈期继续前进。

吸引力旋涡：遇见生命中的每个奇迹

03　相信"命由己定不由天"

一首闽南歌曲《爱拼才会赢》传遍了大江南北，影响了很多人，让他们重拾信心，再次踏上了寻找梦想的征程。歌中唱到："三分天注定，七分靠打拼，爱拼才会赢！"这首歌所要表达的就是闽南人的那种非凡的自信，认为自己只要肯拼搏，一切事情都在掌握之中。

自信的人生才有魅力，毛泽东曾说："自信人生两百年，会当水击三千里。"这是何等的自信，何等的豪情！正是因为毛泽东拥有这样非凡的自信，才使他在革命生涯中气贯云天，取得了举世瞩目的伟大成就。

自信的人生有着巨大的吸引力，如果我们拥有了这样的吸引力，就算是再平凡的人，也会做出一番惊天伟绩；如果我们没有这样的吸引力，就算是再有能力，也很难成就一番伟业。态度决定高度，就是这个道理。更多的时候，失败的人不是没有自信，而是自信心被外在的人或事打败了，于是对自己产生了怀疑，进而失去了自信吸引力所能带来的强大磁场。

自信的人生是被人所称道的，我们可以从古人身上找到他们强大自信的影子。如司马迁在《史记·项羽本纪》中记载楚人语云"楚虽三户，亡秦者必楚"，唐代大诗人李白说"长风破浪会有时，直挂云帆济沧海"，明朝名臣于谦说"弃燕雀之小志，慕鸿鹄以高翔"，等等。这些古人的自信箴言所散发出的强大吸引力，虽然历经数千年，如今读来，依旧在心中久久回荡，难以平息。

自信是人类生而具有的本能。我们每个人在刚出生的时候，都有一种自信的本能。三百六十行，各个有特长，通过自信，行行可以达成人生目标。如果说目标是终点，那么我们就是向终点奔跑的人，而自信，就是我们到达终点的捷径。

有些人常常会这样想：世界上最美好的东西，是一生都求而不得的。但是我们要知道，一件事、一件东西既然存在，它们存在的价值就是被人所重视，为人所利用，没有任何一件东西是简单孤立存在着的。如果我们只是不断轻贱自己的自信心，最后的结果只能是让我们走向穷途末路。

其实，自信的吸引力是很容易激发出来的，当我们自信的时候，我们就会觉得，没有比脚更长的路，没有比人更高的山。而这种强大的磁场是任何情绪都很难换回来的。有些人本来可以做大事，立大业，但是他们却一直在做小事，过着再平庸不过的生活，主要的原因就是他们没有强大的自信；很多成功的人，并不是因为他们的能力多突出抑或是他们的运气多么好，他们成功最主要的原因就是他们自信，他们相信自己想要做的就一定能成功。正是这种磁场，鼓舞了他们，激励了他们，让他们取得了最后的成功。

疯狂英语的创始人李阳出身非常贫寒，而且由于性格内向，他的学习成绩非常不理想。

初三的时候，李阳到医院去治疗鼻炎，医生把电疗工具放好后就走开了，但不幸的是，设备竟然漏电。李阳因为内向，只是强自忍受，并没有叫喊，最后，在他的脸上留下了伤疤。

高三的时候，李阳的自信心遭受到了严重打击，几次因为学习成绩不理想就想要退学。在当时，他对自己今后的人生规划是："找一份不需要和别人打交道的工作。"

1986年，李阳在父母的帮助下，才勉强考入了兰州大学学习。但是在大学的时候，李阳因为高中时候的学习基础非常不好，逐渐跟不上老师的讲课速度了。大学二年级的时候，李阳就有13门课没有及格，经过很多次的补考，李阳才得以保住学籍，继续上学。

李阳的心里感到非常不平衡，他觉得自己在同学面前，抬不起头来。在此之后，李阳每天跑到校园空旷的地方大声朗读英语，而这种喊英语的方式，恰恰提升了他的自信心。

吸引力旋涡：
遇见生命中的每个奇迹

4个月之后，李阳背诵下来了10多本英文书，并且背诵了大量的考题，英文水平也因此得到了显著提高。正是这次喊英语的亲身经历，让李阳收获到了强大的自信心，这次经历也让李阳终生难忘。

毕业之后，在父母的安排下，李阳来到了西北电子研究所。每天上班期间，他经常跑到9层楼的顶上去大喊英语，不管是酷暑还是严冬，李阳的英语锻炼从来没有间断过。

一年半之后，李阳来到广东人民广播电台英文台工作，这次工作调动，为李阳"疯狂英语"的创建积蓄了更为强劲的力量，最终他成为家喻户晓的成功人士。

无数事实证明，自信是成功者必备的素质之一。如果我们想要成功，就应该首先在心里形成这种自信心，让这种自信心潜移默化地影响到自己。如果自信心被激发出来，它所形成的吸引力就会产生一种强大的磁场，而这种磁场就会让我们受用终生。

世上很多人在最初的时候，非常相信自己，但过一段时间遇到了挫折，他们就会半途而废，当初积累起来的自信心在瞬间消散于无形。卓越人物之所以能够成功，是因为他们在做事之前已经树立起了强大的自信心，并且百折不挠，勇往直前，为了实现梦想，不断努力奋斗。

> **吸引力法则**
>
> 自信是人类生而具有的本能。我们每个人在刚出生的时候，都有一种自信的本能。三百六十行，各个有特长，通过自信，行行可以达成人生目标。如果说目标是终点，那么我们就是向终点奔跑的人，而自信，就是我们到达终点的捷径。
>
> 世上很多人在最初的时候，非常相信自己，但过一段时间遇到了挫折，他们就会半途而废，当初积累起来的自信心在瞬间消散于无形。卓越人物之所以能够成功，是因为他们在做事之前已经树立起了强大的自信心，并且百折不挠，勇往直前，为了实现梦想，不断努力奋斗。

04 有志者，吸引力法则自然成

人们常说："有志不在年高，无志空活百岁。"可见，志向在中国人心中的分量。有志向的人，可以散发出持续的吸引力，这种吸引力可以一直促使有志者向着成功迈进。因为有了志向吸引力的指引，有志向的人从来不会迷失方向，他们知道，自己的梦想就是自己奋斗的源泉，没有什么事情、什么人可以改变。

有人说志向是人类唯一的路，人生最快乐的事，莫过于为梦想而奋斗，而奋斗就是我们实现人生价值的开始。没有目标的人，就像是没头苍蝇一般，根本不知道自己未来的路在何方；有目标的人，前方的吸引力就会无限吸引到你，这种吸引力的光芒也永远不会暗淡，它会在潜意识里不断影响你，让你时时燃烧着激情，因为成功就在不远处等着你的到来。

"无志者常立志，有志者立长志。"志向的吸引力就像是微风，虽然看不见摸不着，但是我们却能感觉到它的强大磁场，我们身处其中，总是被一种莫名的激情影响着，而这种激情总是在我们迷茫的时候为我们指明方向。

世上的每个人都希望有卖后悔药的，但这种药根本就不存在，只是一个传说而已。没有志向的人总是会想，如果上天再给我一次机会，我该如何如何；如果我再年轻多少岁，我该如何如何……但是岁月无奈催人老，时间刀刀断人肠，如果我们不能早早找到自己的人生方向，那么，我们的人生将会了无生趣。

人生最大的快乐，就是我们一直在路上，在奋斗的路上，而且从不停歇。有人说梦想就像香醇甘洌的酒，就算巷子再深，酒香也能飘出来，送到你的身旁。再多的想法，如果不去付诸实践，终究会成为空想。很多人总是感叹，

吸引力旋涡：
遇见生命中的每个奇迹

总是认为自己错过了很多东西，孰不知，这些都是因为目标不明确，白白地让吸引力从身边溜走了，就算发出再多的感慨，也只能是徒唤奈何而已。

如果我们在年轻的时候确定了自己的志向，我们就能为了这个志向，永远保持激情与活力。就算我们在奋斗的路上倒下了，我们也可以毫不畏惧地说：岂能尽如人意，但求无愧我心。人生在于奋斗，而不在于静止，如果我们每天只是空口说白话，没做多少工作，却想要很多报酬，这样的结果只能是让我们失去奋斗的动力，取而代之的则是惰性心理。

1911年，周恩来正在沈阳上学。有一天，学校的魏校长亲自为学生们来上课，正当课讲到高潮的时候，魏校长忽然间停顿了下来，他问课堂上的学生们："你们读书是为了什么？"

学生们先是一愕，接下来便是四下一片静寂。

魏校长笑着说："如果你们都不回答，那我就一个个地问了。"

接着，魏校长就走下了讲台，一个个问起了学生们。

第一名学生回答说："我要为光耀我家门楣而读书。"

魏校长点了点头，不予评论。又问了第二名学生，第二名学生回答说："我是为了知书达礼而读书的。"

魏校长接着问第三名学生，第三名学生回答说："我是为了我父母而读书的。"第三名学生回答之后，全班学生哄堂大笑。

校长接着就走到了周恩来身边，问了他同样的问题。

当时，周恩来在同学们中间很有威信，在此之前，辛亥革命刚刚取得胜利。当时清政府要求每一名汉人都要留长辫子，不然就要杀头，而周恩来率先抵制，剪掉了自己的长辫子。学生们被周恩来的胆气所折服，非常钦佩他，而在课堂上也是如此。魏校长问话之后，学生们都目不转睛地盯着周恩来，都在等着他的回答。

周恩来表情严肃而深沉地回答："我是为中华之崛起而读书的！"

魏校长非常惊讶，他知道，自己的学生中有周恩来这样的一名学生已经足矣,于是就说:"有志的学生,应该向周恩来学习啊!"

"为中华之崛起而读书!"这个志向也一直吸引着周恩来,在未来的道路上,他不断被这个志向所吸引,终成一代伟人。

很多事,说起来容易做起来难,所以很多人选择了放弃,当初的目标也就被抛之脑后了。其实,青春是短暂的,是易逝的,如果我们没有趁着年轻闯出一番事业,等到我们青春老去,两鬓斑白的时候,就只能是老大徒伤悲了。

每个人都需要拥有自己切实际的目标,因为只有拥有这样的目标,我们才能脚踏实地地去努力。

如果我们想要达到明天的目标,就要在今天启程。人生的起跑线早已经划好,而我们的人生一直都在继续。如果想要成功,不断奔跑是必须的,人生正需要这种奔跑,因为这样的奔跑可以潜移默化地影响到我们的精神世界,带领我们向着成功阔步前进。

吸引力法则

人们常说:"有志不在年高,无志空活百岁。"可见,志向在中国人心中的分量。有志向的人,可以散发出持续的吸引力,这种吸引力可以一直促使有志者向着成功迈进。因为有了志向吸引力的指引,有志向的人从来不会迷失方向,他们知道,自己的梦想就是自己奋斗的源泉,没有什么事情、什么人可以改变。

如果我们想要达到明天的目标,就要在今天启程。人生的起跑线早已经划好,而我们的人生一直都在继续。如果想要成功,不断奔跑是必须的,人生正需要这种奔跑,因为这样的奔跑可以潜移默化地影响到我们的精神世界,带领我们向着成功阔步前进。

05 专一的目标，让吸引力独具魅力

杂而不精和择一而专哪个更好？也许有人会说杂而不精更好，因为这样的人懂得的更全面；或者有人说两者没有最好，只有更好。但是我要说的是，择一而专更好！

人生的目标不在于多少，而在于是否专一。有的人目标繁杂不均，不知道该从何下手，虽然目标很多，但是自己要身体力行，能够达成的却是寥寥无几。这样的人，不管过了多久，等到我们回过头再去看的时候就会发现，其实，他一直在路上———一直在路的起点，永远都是在岔路口上徘徊，不知道自己该走哪条路。

很多人会问，世上的路有千千万，哪一条才是属于自己的康庄大道呢？我认为，能够吸引到你的，就是最好的。我们每个人的一生会走无数条路，但是，能够让我们记忆深刻的道路只有几条，而这几条路，有的成功了，有的则是失败了，但是自己已经尽力了。尽自己全力去做一件事，如果还是没有做成，就算失败了，也不会觉得后悔。

在人生的千万条道路中，最具吸引力，能够影响到你潜意识，让你不断为之奋斗的道路才是最正确的。你可以在这条路上尽情地奔跑，因为你的激情在这条路上永远都不会消退。吸引力法则的强大磁场可以让对它感兴趣的人全身心地投入，永远不知疲倦。

有的人一辈子做了很多事，但是能让人记住的却一件也没有；有的人一辈子只做了一件事，却让人记忆犹新。成功者不是处处都比别人强，而是他们比其他人多走对了几步路，而这几步路，就是吸引力法则起作用的关键点。

很多人总是习惯变换目标，今天确定的目标，明天就会对自己产生怀

疑，见异思迁，把自己刚刚确定下来的目标否决掉。有的人常常想，人生目标要慢慢找，欲速则不达，就这样一直找到了最后，到了人生尽头，这些人仍然没有找到属于自己的目标。目标是要早早确立的，我们在孩提时代，就听老人们说过"三岁看小，七岁看老"。确立目标要趁早，奋斗更要趁早。没有目标的人生是可怕的，因为你的人生将会像一叶浮萍一样，风雨的走向，就成了你人生的方向，这样的人生是没有意义可言的。

　　专一的目标会带领我们走向成功，而在通往成功的路上，我们会感受到目标给我们带来的吸引力。我们都知道佛家以坐禅修身，而坐禅就是专一，就是要求心无杂念，如果心中想得太多，目标太多，尘世纷扰太多，就容易被影响，根本就做不到心无旁骛。目标专一并不是一纸空谈，比如"杂交水稻之父"袁隆平、"两弹一星"功勋奖章获得者钱学森、万有引力的发现者牛顿，等等，正是因为有专一的目标，永远都在路上奋斗，最终成就了他们一生的伟大。

　　20世纪80年代，在国内有一位非常出名的花鸟鱼虫画家，在他16岁的时候，就举办了个人画展。他的作品被选送到美国、法国等国展出，被世人称为"天才画家"，种种荣誉铺天盖地地向他涌来。但是，这位画家依然是坚持自我，该如何作画还是如何作画，不为名利所动。

　　在一次画展上，有人走过来问画家："你现在取得了这么大的成就，是什么样的力量让你从众多画家中脱颖而出的呢？这一路走来，你是不是感觉非常艰难？"

　　画家微笑着说："其实，一点都不难，在最开始的时候，我本来是很难成为画家的。在当时，我父母非常希望我能全面发展，我不仅喜欢画画，还喜欢游泳，打篮球，等等，不仅是我父母希望，我也希望我自己能全方面发展，而且各个方面都要有所成就。正在我迷茫，准备全面发展的时候，我的老师找到了我。"

　　画家继续说："他拿来一个漏斗和一把玉米种子，老师让我把手放到漏斗下面接着。老师先把一粒种子放到漏斗上，那粒种子很顺利地就滑落到我的手中

吸引力旋涡：
遇见生命中的每个奇迹

了，如此再三，结果都是如此。老师把一把玉米种子都放到了漏斗上，但是因为玉米种子相互拥挤，竟然一粒种子都没有滑落到我的手上。这时，我才知道，我的人生目标太多，反而会得不偿失，所以，我必须要找到一件自己最喜欢的事情，然后全身心地投入，这样，我才能取得成功。为此，我放弃了篮球等诸多爱好，全身心地投入到画画中来，最后，才取得了今天这样的成就。"

故事中画家的感悟，不可谓不深刻！人生有太多的牵绊，年龄越大，牵绊越多，如果我们被众多不必要的目标所左右，那么，我们的人生将会变得杂而不精，长此以往，我们就很难取得大的成就了。心有多大，我们梦想的舞台就有多大。但是大舞台需要的是专一的目标，如果目标太多的话，舞台的负重就会变大，很有可能承受不住，最后免不了出现倾塌覆灭的危险。

我们知道，成大事者不拘小节，但是成大事者更要学会摒弃次要的目标，抓住主要目标，因为主要目标的吸引力是最强大的，而目标太多，反而会让我们的吸引力分散，很难形成强大的磁场。我们要做的就是抓住主要目标，舍弃次要目标，让所有的吸引力为自己的主要目标服务，这样，我们的目标才能离我们越来越近，而黎明的曙光也终会到来。

吸引力法则

在人生的千万条道路中，最具吸引力，能够影响到你潜意识，让你不断为之奋斗的道路才是最正确的。你可以在这条路上尽情地奔跑，因为你的激情在这条路上永远都不会消退。吸引力法则的强大磁场可以让对它感兴趣的人全身心地投入，永远不知疲倦。

有的人一辈子做了很多事，但是能让人记住的却一件也没有；有的人一辈子只做了一件事，却让人记忆犹新。成功者不是处处都比别人强，而是他们比其他人多走对了几步路，而这几步路，就是吸引力法则起作用的关键点。

06 言出必行，吸引力的磁场才会形成

非信勿言，言出必践，这是中华民族的传统美德。说得再多，不如身体力行地去做，人生路漫漫，如果想要得到别人的认可，就应该做好自己。如果我们无法做好自己，那么，别人也就自然不会对你和颜悦色了。

言出必践的人才有魅力，它可以在不知不觉间形成一种吸引力的磁场，而这种磁场不仅能影响自己，更能影响到别人。磁场的形成在于经久不息地坚持，如果我们一直都是一个重信守诺的人，只有一次——唯一的一次——我们没有把持住，失信于人了，那么，我们吸引力的磁场就会像臭氧层空洞一样，逐渐遭到破坏，最后，发展到无法挽回的地步。

做一次好事容易，难的是做一辈子好事。磁场也一样，养成容易保持难，这就需要我们时时保持警惕，不能被别的事情所左右，把自己很长时间养成的磁场荒废掉。重信守诺的人一定是高尚道德品质的结合体，正是他们形成的这种磁场，左右了他们的潜意识，让他们不断积蓄力量，走向成功。

如果一个人总是习惯空口说白话，满嘴跑火车，最后说出去的话全都被别人当成了耳旁风，那么，这个人就会成为自己失信的牺牲品，不仅身边没有朋友，而且会遭到所有人的唾弃。这样的人有可能会得到一时的利益，但是，从长远看，只能落得失败的结局。

重信守诺的人喜欢和同样的人交朋友，因为同样的磁场可以让两个人彼此吸引，最终走到一起。重信守诺的人喜欢相信人，因为他们就是拥有这样吸引力的人。因为他们是君子，轻诺寡信的人，他们必然会以小人之心度君子之腹，一旦认为有些人有利用价值，就戴好自己虚伪的面具，向这些人无限靠近，但是最后的结果只能是自己露出狐狸尾巴，为人所不齿。

吸引力旋涡：
遇见生命中的每个奇迹

君子之交淡如水，小人之交甘若醴。其实，君子之间交往，不需要太多的赞美之辞，只要彼此有同样的磁场，就算相隔再远，也会彼此牵挂；而小人相交，总是喜欢甜言蜜语或许以利害，这样的交往是不会长久的。有人说，对付君子要比君子更君子，而对付小人就要比小人更小人。因为磁场能塑造人，也可以毁掉人，关键是看形成的是什么磁场，如果是好的，我们就该发扬；如果是坏的，我们就应该抵制，这样，我们才能活出最好的自己。

18世纪，在英国有一位很有钱的绅士，在一天夜里，他在回家的路上，被一个衣衫褴褛的小男孩拦住了去路。男孩对他说："先生，请您买一包火柴吧！"

绅士正要赶路，就本能地说了一句："我不买。"

小男孩追了上去，脸上现出悲伤的神情："先生，您就可怜可怜我，买一包吧！我今天一天都还没有吃东西呢！"

绅士无奈地说："就算我想买，也是不可能的，因为我没有零钱啊！"

小男孩说："没关系，你先拿上火柴，我去给您换零钱。"小男孩说完，就拿起绅士递给他的一英镑跑去换零钱了。

绅士左等右等，小男孩就是不回来，绅士无奈，以为小男孩拿着钱跑了，就自顾回家了。

第二天，绅士照常来到公司上班，公司里有人说有一个男孩要见他。

男孩进来的时候，绅士非常惊讶，这个男孩和昨天那个长得很像，只是比他矮了一些，穿得也是一样的破烂。只听男孩说："先生，很对不起您，我的哥哥让我把找回来的零钱给您送回来！"

绅士非常惊讶："你哥哥呢？"

男孩说："我哥哥换完零钱，回来的时候发生了意外，他被一辆马车撞到了，现在还在家里躺着呢。他吩咐我一定要找到您，并且把零钱给您送过来。"

绅士被小男孩的诚信深深打动了，就让男孩带着他去看他的哥哥。

到了小男孩的家里，绅士发现，只有小男孩的母亲在照顾他。小男孩看到绅士，很是惊讶："非常对不起，我没有按时把零钱给您送回去！"

经过一番了解,绅士得知,原来小男孩的父亲早就去世了,而母亲又是常年生病。当了解到这些情况之后,绅士决定承担起他们全家的生活费用。

重信守诺的强大吸引力是随处可见的,小男孩诚信的磁场感染了绅士,把他吸引到了自己的身边。不仅如此,诚信还能改变一个人,一个总是失信于人的人,如果他能和高尚的人生活在一起,那么,他就能改掉轻诺寡信的坏毛病。

一个人的吸引力,虽然和外在有关系,但是最为重要的还在于强大的内心。言必行,行必果,果必信,这样的做法才会被世人所看重,如果你每天说的都是空话,没有一点实在,最后的结果只能是让自己的吸引力消失。

吸引力法则

非信勿言,言出必践,这是中华民族的传统美德。说得再多,不如身体力行地去做,人生路漫漫,如果想要得到别人的认可,就应该做好自己。如果我们无法做好自己,那么,别人也就自然不会对你和颜悦色了。

做一次好事容易,难的是做一辈子好事。磁场也一样,养成容易保持难,这就需要我们时时保持警惕,不能被别的事情所左右,把自己很长时间养成的磁场荒废掉。重信守诺的人一定是高尚道德品质的结合体,正是他们形成的这种磁场,左右了他们的潜意识,让他们不断积蓄力量,走向成功。

07 宽容,让吸引力更有味道

一个人胸怀有多大,能取得的成功就有多大。宽容是一种美德,它能让我们看到世间的美好,走出人生的藩篱,找到人世间最真的美好。宽容的人,不

吸引力旋涡：
遇见生命中的每个奇迹

仅自己的内心非常淡然,更会形成一种磁场,影响到身边的人。

我们每个人都不会喜欢和斤斤计较的人打交道,这样的人只顾及自己的利益,而忽略身边朋友的利益。人生不是单行道,以自我为中心的人是很难成功。而宽容就像久旱后的甘霖,可以滋润万物,更能滋养我们的心灵,让我们不断向前迈进,不以物喜,不以己悲,促使我们达到宠辱皆忘的境界。

我们遇到恶人该怎么办?感化他还是与他作斗争?强大的吸引力告诉我们,海纳百川,有容乃大,得饶人处且饶人。如果能够用宽容的吸引力去感化他们,你就应该努力去做,让他们感受到你的磁场。这样一来,大事也会变成小事,而小事就会消散于无形了。

英国诗人济慈说:"人们应该彼此容忍,每个人都有缺点,在他最薄弱的方面,每个人都能被切割捣碎。"而吸引力法则中的宽容就要求我们能容忍常人所不能忍,这样我们才能形成自己的独特磁场。每个人都会犯错,在各个年龄段会暴露不同的缺点,这就要求我们少一些苛责,多一些谅解,这样,别人才会认可你,才会肯定你宽容的磁场,而这种磁场就会不断影响到你的潜意识,逐渐让你成为磁场的主宰者。

宽容是人际交往中的催化剂,它能尽快改善人与人之间淡然冷漠的关系,缓和人与人之间的矛盾,给我们带来春风,带来温暖,让我们的人生充满亮色。当别人咆哮发怒的时候,我们更应该泰然处之,针尖对麦芒是非常不明智的举动。而唯有宽容才可以影响到正在发怒的人,让其感受到磁场,这样,愤怒会止歇,而我们的吸引力会变得更加强大。

泰山不让土壤,故能成其高;大海不择细流,故能成其深。宽容的人生,带来的是民心所向,是吸引力的强大磁场。

1918年,梁思成17岁的时候认识了14岁的林徽因,他们两人的父亲是朋友,早早就定下了孩子们的亲事,两人于1928年步入了婚姻的殿堂。

林徽因是当时的著名才女,身边不乏大批的追求者,在梁思成赴美留学之前,林徽因和徐志摩的交往就非常亲密,但是梁思成却泰然处之。

1931年,徐志摩发生了坠机事件,梁思成主动赶往现场,替徐志摩料理后事,体现出了一个男人的大度与宽容。

1932年,徐志摩去世之后,梁思成和林徽因搬到了总布胡同,金岳霖是他们家后院的邻居。有一天,林徽因找到了梁思成和他说,她同时爱上了两个男人,这明显不像是商量的语气,而是像妹妹向哥哥询问的语气。梁思成想了一晚上,最后,梁思成觉得,自己缺少金岳霖那样的哲学家头脑,自己不如金岳霖。

第二天早上,梁思成和林徽因说,她是自由的。林徽因接下来就找到了金岳霖,把梁思成的话转告给了他,金岳霖说,"梁思成能说出这样的话,证明他是真心爱你的,他不希望你受到任何委屈,所以,他才会给你自由,我不想伤害一个真心爱你的男人,我退出!"

最后,三个人成为了好朋友,梁思成从来没有因为妒忌而失去包容之心,他对林徽因的爱不仅伟大,而且深沉。金岳霖自此之后终生未娶,等到他80多岁去世,为他送终的是梁思成和林徽因的儿子。

宽容是一种人生境界,它可以改变我们的人生,让我们的人生更快乐。而宽容的磁场需要我们把它放到人生中不断历练,这样,我们才能体会到宽容的真谛。真正的宽容,是从心底发出的,而不是简简单单一时一刻的感悟,人生的精彩,不在于每天的彩排,而在于每天的现场直播。

19世纪俄国有世界声誉的现实主义艺术大师屠格涅夫说过:"不会宽容别人的人,是不配受到别人宽容的。"事实上确是如此,只有当我们学会宽容的时候,我们的人生才会变得精彩,别人才会被你的吸引力所吸引,从而为我们的成功创造出一个适合实现的温床。

宽容是形成吸引力磁场的源泉,而这种宽容的力量需要我们不断的追求。梦想的舞台不在于它有多大,有多宽广,而关键在于这个舞台是否适合我们。适合的才是最好的,合适的舞台能让我们的吸引力发挥出效应,让我们受用一生。

> **吸引力法则**
>
> 　　一个人胸怀有多大,能取得的成功就有多大。宽容是一种美德,它能让我们看到世间的美好,走出人生的藩篱,找到人世间最真的美好。宽容的人,不仅自己的内心非常淡然,更会形成一种磁场,影响到身边的人。
>
> 　　宽容是形成吸引力磁场的源泉,而这种宽容的力量需要我们不断的追求。梦想的舞台不在于它有多大,有多宽广,而关键在于这个舞台是否适合我们。适合的才是最好的,合适的舞台能让我们的吸引力发挥出效应,让我们受用一生。

08 赞美,让别人感受到你的吸引力

　　我们每个人都渴望被赞美,这不仅是对我们的一种肯定,更能让我们在接下来的工作中继续保持热情。所以,请不要吝啬你的赞美,赞美远比批评要更容易被人所接受。赞美往往会让别人在心里产生对我们的良好印象,这样,别人才愿意接近你,而接受你才能感受到你的吸引力。

　　赞美会给对方留下非常美好的印象,因为赞美能够最大限度地满足对方的心理需求。如果我们只想让别人赞美自己,而不想去赞美别人,最后的结果,只能是让自己变得冷漠,这样就无从谈起什么磁场了。

　　在生活中,赞美更像是一种温柔的认可,它能潜移默化地影响到别人,让别人从你的赞美中看到你的亲和力,这样,别人才会愿意和你成为朋友。没有任何一个人愿意和木头一样的人成为朋友,这就说明交流在生活中的

重要性。赞美也不是一味地逢迎,赞美的目的就是让别人愿意亲近你,愿意走近你。只有走近你,才能了解你,才能感受到你的磁场。如果没有赞美,别人根本就不愿意走近你,也就不会感受到你的吸引力了。

没有人会拒绝一个对他赞美的人,他们都喜欢和这样的人成为朋友。比如,"你今天穿的衣服真漂亮!""你的鞋真漂亮,从哪买的?"……恰如其分的赞美,可以在彼此之间营造出一个互通有无的桥梁,让彼此之间靠得更近,这就是赞美的力量。

我们可以回想一下,我们已经有多久没有赞美身边的朋友和亲人了?当我们冷静思考之后会发现,我们之所以吸引力会下降,主要原因就是因为我们缺少与他人的沟通,缺少赞美。其实,沟通的技巧很重要,而赞美无疑是沟通技巧中最容易被人所接受的。

孟子说:"爱人者,人恒爱之。"赞美别人也是如此,如果我们像《诗经》中所说的那样"投我以木瓜,报之以琼琚",别人也就自然会赞美你了。每个人看人都喜欢两面去看,我们都希望别人看到都是自己的优点,这就要求我们先要看到别人的优点,不断赞美,这样,你的吸引力才会形成,然后才能影响到别人,让别人改变对你的看法。

赞美就像照镜子,当你经常把赞美送给别人时,你总能换取到对方同样的态度,甚至意外的回赠。哪怕有时你的赞美是没有任何利益目的的,你也会给别人留下好的印象,并在未来的某一时刻因此而受益。

有一个富翁,家里非常有钱,他对自己的饮食起居非常讲究,为此,他请来一位厨艺高超的厨师,这位厨师每个菜都会做,做得最好的就是烤鸭。

富翁非常喜欢吃烤鸭,尤其是烤鸭腿,却从来不夸奖他。但是吃了几次,富翁发现,每只烤鸭只有一只鸭腿,他感到非常奇怪,他怀疑另外一只鸭腿是不是被厨师自己吃了。

一天中午,厨师和往常一样,把烤鸭端上了餐桌,富翁发现这只烤鸭仍然只有

吸引力旋涡：
遇见生命中的每个奇迹

一只鸭腿，富翁非常生气地问厨师："怎么你做的烤鸭只有一只鸭腿？另外一只鸭腿呢？"

厨师淡淡地说："鸭子就只有一只腿。"

富翁更加生气了："你真胡说！世界上哪有一只腿的鸭子啊！"

厨师打开窗户，用手指着不远处的池塘。富翁顺着厨师手看去，看到的鸭子都是一只腿立着，而另外一只腿却缩了起来。虽然看到了这种情况，但是富翁仍然觉得事有蹊跷，于是就用力地鼓起掌来。鸭子被富翁的掌声惊醒了，动了起来，另外一只脚也伸了出来。

富翁非常开心，就跟赚了一大笔钱一样，说道："我说鸭子有两条腿，没错吧！"

厨师听了，仍然非常冷淡："那是因为你鼓掌了，鸭子的一只腿才变成两只腿了。如果你在吃烤鸭的时候，也鼓掌称赞一下，烤鸭的一只腿就会变成两只了！"

从此以后，富翁每次吃烤鸭的时候，都会赞美厨师的厨艺高超，而他吃到的烤鸭再也没有出现一只腿的情况了。

富翁每次只吃到一只腿的烤鸭，就是因为他不尊重厨师的劳动，如果多一些赞美，多一些鼓励，厨师做出的烤鸭就会有两只腿了。

每个人都喜欢被人赞美，哪怕小小的称赞，也会让他们非常满足。赞美会带来吸引力，而这种吸引力就是亲和力，如果我们想要在人际交往中更进一步，那么，就让我们用心去赞美吧！

人生的道路需要惊喜带来的刺激，所以，哪怕是小小的赞美带来的惊喜，我们也是非常需要的。而赞美正是吸引力法则中积极情绪的重要组成部分。我们要做的，就是尽量去赞美别人，让别人感受到你的吸引力，这样，我们才能在赞美中结交到更多的朋友。

> **吸引力法则**
>
> 我们每个人都渴望被赞美，这不仅是对我们的一种肯定，更能让我们在接下来的工作中继续保持热情。所以，请不要吝啬你的赞美，赞美远比批评要更容易被人所接受。赞美往往会让别人在心里产生对我们的良好印象，这样，别人才愿意接近你，而接受你才能感受到你的吸引力。
>
> 孟子说："爱人者，人恒爱之。"赞美别人也是如此，如果我们像《诗经》中所说的那样"投我以木瓜，报之以琼琚"，别人也就自然会赞美你了。

09 换位思考，吸引力之花才会尽情绽放

在吸引力法则中，培养自己的吸引力很重要，但我们更应该注重从身边人的角度出发，考虑到他们的感受，这样，我们的吸引力才会发挥出最大效力。在现实生活中，我们总是非常自我，做任何事情都喜欢我行我素，总是认为自己做的才是最好的，但是现实往往是残酷的，我行我素的人的眼中只有自己，这样的自我意识就会盖过吸引力的光芒。

我们常说"仁者见仁，智者见智"，这句话说的就是我们每个人都有自己独特的看法。如果我们总是推己及人，认为自己想的别人也会这么想，自己做的别人也会这么做，这样一来，你就会因此产生自大自满的心理，而你所要做的事情就会更加没有限制了。这时的你就会把吸引力法则遗忘掉，这样的做法将会导致非常坏的结果。

我们如果想要吸引到别人，就要让别人走近你，而你也要学会站到对方的角度去思考问题。己所不欲，勿施于人。你要给别人的必须是你喜欢而且

吸引力旋涡：
遇见生命中的每个奇迹

对方也喜欢的。多站在别人的角度思考问题，我们才能结交到更多的朋友，如果我们总是我行我素，就算自己再强大，你的冷漠态度也不可能为你带来多少朋友。

换位思考，首先要考虑的不是自己的感受，而是别人的感受，他们才是你要吸引的对象，而你只是吸引力的制造者。别人接受与否完全在于别人，而不在于我们自己。所以，先人后己是吸引力法则中的一条准则，而这就要求我们全心全意为达成自己的目标而奋斗。

现实中也有很多这样的故事：

有一个年轻的小女孩，想要学习发艺，但是经过一番辗转，还是没有人收留她。但是小女孩仍然坚持，最后高学费拜了一位发艺高手为师。小女孩非常珍惜这次机会，每天都是废寝忘食地学习。三个月之后，小女孩就可以上岗工作了。

小女孩给第一位顾客染头发的时候，由于一时的紧张，竟然拿错了颜色，给顾客染完头发小女孩才发现，知道自己犯下了错。

顾客也大叫大嚷："我要的是枣红色，怎么给我染成了黄色啊！"女孩战战兢兢地站在一旁，不敢做声。

这时，女孩的师父赶了过来，了解到事情经过之后，不住地向顾客道歉，当即表示，这次理发不收费了。顾客又骂了几句，扬长而去。

女孩心里不住地擂战鼓，她想："这次坏了，师父一定会骂死我的。"

没想到，师父只是淡淡地说："万事开头难。当年的我也是如此，也犯过类似的错误，只是自此之后，我向自己保证，永远不会再犯类似的错误了。如果我是你，我也希望你像我一样，能够尽快改正自己的错误。"

师父没有批评小女孩，但是小女孩却深刻认识到了自己错误的严重性。在此之后，小女孩做事非常认真，经过一段时间的努力，她终于成为了当地非常受欢迎的理发师。

如果我们没有换位思考的能力，那么，我们的想法和做法只是自己的一相情愿，根本没有考虑到别人的感受。为了能够了解到别人的感受，我们必须要有换位思考的能力。这样，我们才能综合考虑到别人的想法，有了别人的加入，我们的吸引力才会尽情地绽放。

我们总是对自己的吸引力产生怀疑，为什么自己的吸引力不能影响到别人呢，难道是吸引力法则出了问题吗？其实不然，最根本的原因就在于你的内心，是你的思想在排斥和别人接触。换位思考，要求我们能体会到别人的情绪和想法，能理解到别人的立场和感受，并且能够设身处地地站到对方的角度去理解问题和处理问题。

换位思考，是吸引力影响他人所要跨出的第一步。想要吸引别人，就要吸引到自己，而要吸引到自己，就要学会推己及人。生活在世界上，没有任何一个人是单一的个体，我们每个人之间都有着千丝万缕的联系，如果我们不能从别人的角度去思考问题，那么，吸引力的磁场就很难发挥出它的强大作用。

> **吸引力法则**
>
> 在吸引力法则中，培养自己的吸引力很重要，但我们更应该注重从身边人的角度出发，考虑到他们的感受，这样，我们的吸引力才会发挥出最大效力。在现实生活中，我们总是非常自我，做任何事情都喜欢我行我素，总是认为自己做的才是最好的，但是现实往往是残酷的，我行我素的人的眼中只有自己，这样的自我意识就会盖过吸引力的光芒。
>
> 换位思考，要求我们能体会到别人的情绪和想法，能理解到别人的立场和感受，并且能够设身处地地站到对方的角度去理解问题和处理问题。

第五章
提升感召力,让人心甘情愿追随你

如果你知道去哪,全世界都会为你让路;如果你拥有感召力,全世界的人都会追随你。我们的吸引力需要我们自己把握,我们无法让别人做到最好,但是我们却可以要求自己。只有做好自己,别人才会被你的感召力所吸引。

我们每个人都有属于自己的吸引力,如果想要让吸引力发挥出最大能量,就要不断完善自己。只有我们做好自己,我们的吸引力才能在别人心中产生磁场。

吸引力旋涡：
遇见生命中的每个奇迹

01 崭新一天的穿着

新的一天，新的开始。我们总是希望在新的一天，有一个新的开始，让昨日的伤痛都随风远去，让崭新的一天充满各种各样灵动的色彩。新的一天，不仅我们每个人都希望有一个好的开始，也希望自己的吸引力变强大，能够有更强的感召力。

我们总是希望预知到明天会发生什么，但是，明天是无法预知的。我们总是期待明天会到来，但是，"明天"却是一个永远无法到达的时间，我们所能把握的只有现在。所以，每一天对于我们来说都是新的，我们每一天的吸引力都需要焕发出新的生机，只有焕发吸引力，它才能苏醒。

俗话说"人靠衣装，佛靠金装"，我们想要每天变换心情，可取的做法就是每天更换自己的服装，这样，我们才能感觉到自己的变化。而我们每天的心情都会被这样的变化所感染，别人也会从你的身上感觉到新鲜的味道。这种新鲜感会直接影响我们的吸引力，这种吸引力也会影响到别人对我们的感觉。

我们在与别人初次见面的几分钟，会给别人留下第一印象，所以我们必须重视自己的外在形象。就是在初次见面的几分钟里，往往就会决定你在别人心中会留下什么样的印象，这种印象常常会左右一件事情的最终走向。如果我们每一天都学会变换自己的话，我们的吸引力也会随之更新，如果我们的吸引力太过于陈旧的话，吸引力就会逐渐流失掉了。

吸引力就像电脑系统一样，装上以后不代表一劳永逸，而是需要我们时时更新，这样，我们的吸引力才会时时影响到我们的潜意识，我们的吸引力才会散发出迷人的魅力，产生强大的磁场，让我们在人生的路上走得更远。

如果我们不注重自己的穿着,每天都衣衫褴褛,几乎和丐帮弟子一样,这样一来,就不会有人再愿意靠近你了,还谈什么吸引力?如果你的吸引力全都变成了别人的排斥力,你的人生就会在人际关系中变得非常单调了,不仅会让身边的人离你远去,更会让你自己走进人际交往的死胡同。

王丽大学毕业后经朋友介绍到了一家公司做财务,刚进公司的那一天,王丽看见每个人都穿着休闲服装,懒散地趴在办公桌上。原本积极向上的情绪立刻浇灭了一半,之后的每一天,王丽都看到同事上班懒散的样子,渐渐地,王丽也变得比较懒散,常常上班迟到,业务一般般,而且变得常常忘这忘那。

一个月后,老板让王丽到办公室去一趟,老板说:"王丽,你是不是感觉公司懒懒散散的,很没有纪律性?"

王丽点了点头。

老板说:"你去买一件职业装,从明天早晨开始每天穿着它上班。"

王丽疑惑的问:"为什么呢?别人都穿便衣啊。"

老板笑了笑,说:"你按照我说的做就是了。"

第二天,王丽穿着职业装刚走进公司,就引起了同事的注意。那天,王丽感觉自己成了所有人的焦点,每个人都投来羡慕的目光,王丽觉得自己变得更加有自信,更加勤快。

之后的每天,王丽穿着职业装去上班,这样一个月后,王丽突然发现,公司里80%的同事都变得勤快起来,而且都穿起了职业装。

在人际交往中,我们总是习惯说"某某某一看就不是好人"、"某某某很面善",这些主要就是因为穿着打扮。我们穿着协调,或者大方得体,往往会令别人对我们产生良好的第一印象。

吸引力主要来源于我们的内在美,但是直观的外在美也必不可少,虽然我们无法改变自己的容貌,但是我们可以改变自己的穿着,让穿着更得体,这样,我们的吸引力才会被别人注意到。没有人愿意和衣衫褴褛的人打交

吸引力旋涡：
遇见生命中的每个奇迹

道。良好的穿着能在一定程度上决定我们的吸引力。

细节决定成败。在每天的穿着上，我们要注意到自己穿着的细节，比如小装饰的搭配——围巾、挎包等，这些都是我们应该注意到的。只有把穿着的细节做好，我们才能让别人感受到吸引力的磁场，才能让别人感受到我们的特殊价值。

> **吸引力法则**
>
> 俗话说"人靠衣装，佛靠金装"，我们想要每天变换心情，可取的做法就是每天更换自己的服装，这样，我们才能感觉到自己的变化。而我们每天的心情都会被这样的变化所感染，别人也会从你的身上感觉到新鲜的味道。这种新鲜感会直接影响我们的吸引力，这种吸引力也会影响到别人对我们的感觉。
>
> 吸引力主要来源于我们的内在美，但是直观的外在美也必不可少，虽然我们无法改变自己的容貌，但是我们可以改变自己的穿着，让穿着更得体，这样，我们的吸引力才会被别人注意到。

02 微笑可以让你的吸引力更甜美

当你对别人微笑时，全世界都在对你微笑。微笑的力量是巨大的，它可以让我们精神焕发。微笑是人类最伟大的表情，微笑能让人由内到外产生一种愉悦。古希腊著名思想家苏格拉底说："在这个世界上，我们除了空气、水、阳光和微笑，我们还需要其他什么吗？"是啊！除了微笑，我们还需要其他什么呢？

微笑可以让我们产生一种强大的亲和力，这种亲和力拥有着无穷的魅力，它可以不断吸引到我们身边的人。正是这种微笑的磁场，拉近了人与人之间的距离，这种磁场不仅会让身处其中的人变得乐观，更会带动起我们身边的人，让他们也同样获得这种积极的心态。

只有心里有阳光的人，才会看到真正的阳光。只有真正有吸引力的人，才会露出最灿烂的笑容。微笑不仅能表达出你的心情，而且能传递出鼓励、欣赏、认可等很多积极的情感。微笑不仅可以拉近人们心与心之间的距离，还可以让我们的吸引力变得更加强大。

俗话说"伸手不打笑脸人"，在人际交往中，没有任何人会拒绝一个微笑的人，而适当的微笑可以给别人留下美好而深刻的印象。美国著名心理学家奥格·曼狄诺经过研究，得出过曼狄诺定律："微笑拥有强大的魔力，人们应该经常微笑，发自内心的微笑功能强大，可以和谐人际关系，甚至可以带来黄金。"

吸引力法则对微笑则是有着更深刻的定义，微笑会让我们的吸引力变得更强大，而这种吸引力则会最大限度地改善人与人之间的关系。不管我们是什么样的人，也不管我们贫富贵贱，只要我们想笑就应该多笑。一个甜美的笑容，可以让我们看到希望，可以让我们驱走阴霾，找到光明。

美国著名人际关系学大师卡耐基说过："笑容能照亮所有看到它的人，像穿过乌云的太阳，带给人们温暖。"而微笑可以逐渐形成一种吸引力的磁场，只要我们相信世界很美好，多微笑，世界就会装进我们的笑容里。

在一座小镇上，有一个富翁，家有亿万家财，虽然很富有，但是他并不快乐。

有一天，富翁非常悲伤地走在路上，这时候，旁边走过来一个小女孩。小女孩非常认真地看着富翁，并且给了他一个非常甜美的微笑。富翁也看着这个天真的孩子，他仿佛被闪电击中了，他明白了，快乐其实很简单，只要自己能像小女孩那样微笑，就一定能找到快乐。

第二天，富翁就准备出发了，他要去寻找自己的快乐。在走之前，富翁给了小女孩一笔巨款，作为对女孩微笑的答谢。

小镇上的人都非常奇怪，就问小女孩为什么富翁会给她这么大的一笔巨款。

吸引力旋涡：
遇见生命中的每个奇迹

小女孩微微一笑："我什么都没有做，我只是对他微笑了一下。"

威廉·史坦哈和这个富翁一样，也是一个很少微笑的人。尽管他已经结婚快20年了，但是他对太太不怎么微笑，有时候只是不掺杂任何感情地说几句话，对待同事也是如此。就这样，威廉·史坦哈渐渐成为公司里最孤独的一个人。

在接下来的一段时间里，威廉·史坦哈还是没有任何改变。直到在一次公司培训中，公司领导要求他以微笑的经验开始一段演讲，从这时开始，威廉·史坦哈决定自己应该试着去微笑了。

在上班的途中，威廉·史坦哈不管碰见谁，都是微笑着说声"早安"。威廉·史坦哈很快就发现，他把微笑给别人的时候，别人也会把微笑给他。有的同事心里满腹牢骚，和威廉·史坦哈有一搭没一搭地发牢骚，威廉·史坦哈总是以微笑应对，对方的牢骚很快就发泄完了，并且把问题解决了。

经过一个星期的实践，威廉·史坦哈发现，微笑不仅能给身边的人带来好心情，更能给自己带来更多的收益。

以前，威廉·史坦哈和另外一个经纪人共用一间办公室。有一次，威廉·史坦哈和经纪人说起了微笑带来的效果和自己的亲身感受。

在一番交流之后，经纪人说："以前碰见您的时候，您总是一副很严肃的表情，我们都不敢接近您，但是现在，我看到的是您的笑容，我彻底改变了对您的看法，当您微笑的时候，我感觉到了一种发自内心的快乐。"

威廉·史坦哈听后，报之以和悦的微笑。两人谈了很多，关系也越来越密切了。

微笑可以加重吸引力的砝码，只要我们习惯微笑，我们的心里就会微笑，我们的潜意识里也会微笑。微笑可以改变一个人，更可以改变一个人的一生。如果我们不会微笑，我们的人生也会变得暗淡无光。吸引力需要我们微笑，就像植物需要雨润，万物需要春风一样自然。微笑可以感染到我们的心灵，让我们体会到人世间的至美之情。

吸引力是会不断累加的，如果我们感到快乐，用心去微笑，我们的吸引力就会刺激到我们的潜意识，让潜意识也去微笑。如果我们心中有一颗微笑的种子，不管我们走向何方，遇到什么不顺的事情，这颗种子总有一天会生根发芽，总有一天会长成参天大树。

乐观的心态，幸福的微笑，就是吸引力的良药，它可以不断激发出吸引力的强大磁场，带领我们不断向着成功迈进。真诚地去微笑吧！你的吸引力将会因微笑而变得甜美！

> **吸引力法则**
>
> 当你对别人微笑时，全世界都在对你微笑。微笑的力量是巨大的，它可以让我们精神焕发。微笑是人类最伟大的表情，微笑能让人由内到外产生一种愉悦。古希腊著名思想家苏格拉底说："在这个世界上，我们除了空气、水、阳光和微笑，我们还需要其他什么吗？"是啊！除了微笑，我们还需要其他什么呢？
>
> 吸引力是会不断累加的，如果我们感到快乐，用心去微笑，我们的吸引力就会刺激到我们的潜意识，让潜意识也一起微笑。如果我们心中有一颗微笑的种子，不管我们走向何方，遇到什么不顺的事情，这颗种子总有一天会生根发芽，总有一天会长成参天大树。

03 找到属于你的位置，吸引力才会为你服务

有些人总是喜欢问诸如"为什么别人那么成功，而我却不能"之类幼稚的问题，这些人往往只是问得多，做得少。我们生活中的每个人都有属于自己的位置，没有人能够脱离自己现实的位置去成就一番事业，而我们首先要做的就是找到属于自己的位置。

吸引力旋涡：
遇见生命中的每个奇迹

人生道路如此漫长，何处才是我们的归宿？这就需要我们会把握机会。我们要知道，不是我们没有机会，而是我们不懂得把握机会。机会对于每个人都是公平的，但是有些人看到机会畏首畏尾，不敢向前；有的人则是迎难而上，让机会为己所用。事实上，把握机会的能力，直接决定了一个人未来的归宿。

如果我们拥有吸引力，并且能够善加利用，不断提升自己的品位，那么，我们就能离成功更近一步。有些人每天生活得浑浑噩噩，不知道自己身在何方，更不知道自己该去何方，每天只是得过且过，既不追求什么，也不舍弃什么，仅仅像没有梦想的行尸走肉般生存着，这样的人是可悲的，他们连自己脚下的道路都看不清，还谈什么追求梦想？

我们常常说路在脚下，路是人走出来的，但是，我们关键要知道自己的人生道路到底是什么。知己知彼，才能百战不殆，如果我们连自己所处的方向都不清楚，那么，还谈什么为了梦想而努力呢？

在生活中，我们要知其然，还要知其所以然，梦想之所以宝贵，在于它有吸引力。我们之所以能够成功，就在于我们能够清楚地知道自己所处的位置。每个人都有属于自己的一条人生道路，我们要做的就是沿着自己的道路一路奔跑，奔跑累了，就停下来歇歇，但是我们不能忘记自己今后要走的道路，应该蓄积能量，准备继续奔跑。

有人曾经这样说："我很有激情，很多时候，我身边的人也会被我所感染，但是现实的残酷却让我看到了我的卑微，我再也无法前进了，现在的我变得非常迷茫，失去了原来的自己。"这样的人是可悲的！白云苍狗，世事如同浮云。如果我们能够确定自己的位置，清楚自己的目标，能够正确估计自己位置与梦想的距离，我们就可以说，我们永远不会迷失自我，而梦想也终将会走进现实。

吸引力之所以会出现，因为我们每个人都有意识，都有多种多样的思维。吸引力之所以能够长久，是因为我们每个人都清楚自己的位置，知道自己每天都要做什么。人生是个大舞台，每天都会有各式各样的演出，不管我们现在在扮演什么样的角色，我们最应该做的事情就要清楚自己的位置，这样，我们的吸引力才会更好地为自己服务。

皮特读高中的时候，学习成绩非常不理想，在他高中还没有毕业的时候，校长就对他的母亲说："皮特也许真的不适合读书，他对各门课程的理解能力非常差，他甚至到现在还无法明白每天课程上讲的是什么。"

皮特的母亲听到老师的话，非常伤心，就把皮特带回来家。这位母亲对皮特还是没有放弃，希望尽自己的力量让皮特学到更多的知识。但是，皮特对书本上的知识非常不感兴趣，无论怎样学习，也无法把这些东西全部学会。

有一天，对课本提不起任何兴趣的皮特，闲来无事就到四下闲逛，当他经过一家正在装修的超市时，发现有人正在超市门前雕刻一件艺术品，皮特马上被正在雕刻的艺术品吸引住了，目不转睛地看着这个人的一举一动。

在此之后，母亲就发现了皮特的异常举动，每当皮特看到什么材料，比如石头、木头等时，他就会表现出非常强烈的兴趣，就会耐心地打磨它们，直到自己满意为止。母亲看到皮特这样的举动，觉得他非常贪玩，非常生气。

在没有任何一所大学愿意接收皮特的情况下，无奈的母亲就对皮特说："你去走你自己的路吧！我已经尽心尽力了，但还是于事无补！"皮特知道，自己在母亲眼中是一个失败者。他很痛苦，但是他就是不喜欢读书，就是喜欢打磨各种材料，无奈的皮特选择了远走他乡。

若干年之后，市政府为了纪念一位名人，想要在市政府门前的广场上放上一座这位名人的塑像，就举办了一场雕塑比赛。很多雕塑家都参加这项比赛，最后，一位远道而来的雕塑家获得了一致认可，他的作品被放到了广场的正中央。

这位雕塑家在发表获奖感言的时候说："我想把这座雕塑献给我的母亲，因为我读书的时候，让母亲非常失望。现在，我到了这里，我要告诉我的母亲，虽然

吸引力旋涡：
遇见生命中的每个奇迹

大学里没有我的位置，但是，上天既然让我降临到了这个世界上，就一定会有属于我的一个位置，而这个位置就是我所需要的，就是我迈向成功的新起点。人生最重要的就是清楚自己的位置，现在，我要对母亲说的就是，现在，您的儿子没有让您失望，我将会以自己的位置为起点，攀登上一个又一个顶峰！"

在围观的人群中，皮特的母亲喜极而泣，她现在才知道儿子一直有自己的梦想，她知道，找对人生位置的儿子绝对不会让她再次失望的！

我们每个人从呱呱坠地的那一天起，不管我们的人生如何发展，世界上都会有属于我们的那个位置。世界就算再小，也一定有我们的容身之地。而我们所说的吸引力能够影响到我们潜意识，就是从我们清楚自己位置的那一刻开始的。如果我们每一天都是彷徨的，根本不清楚自己的位置，那么，我们的人生将会成为一盘散沙，而吸引力也将化作泡影。

吸引力之所以会产生磁场，主要就是因为它知道自己所处的位置。如果我们不清楚自己的位置，那么，我们还能谈什么吸引力呢？我们需要的就是找对自己的位置，吸引力也会不断促使我们找对自己的位置，这样，我们才会感受到成功离我们越来越近。

> **吸引力法则**
>
> 人生道路如此漫长，何处才是我们的归宿？这就需要我们会把握机会了。我们要知道，不是我们没有机会，而是我们不懂得把握机会。机会对于每个人都是公平的，但是有些人看到机会畏首畏尾，不敢向前；有的人则是迎难而上，让机会为己所用。事实上，把握机会的能力，直接决定了一个人未来的归宿。
>
> 吸引力之所以会产生磁场，主要就是因为它知道自己所处的位置。如果我们不清楚自己的位置，那么，我们还能谈什么吸引力呢？我们需要的就是找对自己的位置，吸引力也会不断促使我们找对自己的位置，这样，我们才会感受到成功离我们越来越近。

04 吸引力因谦卑而伟大

我们为人处世的时候,不应该把自己的位置放得太高,应该收敛住自己的锋芒,这样,你的吸引力才会起到作用,别人才会愿意和你成为朋友。谦卑不是懦弱的表现,不是负面情绪,它能给我们带来的是吸引力的怀柔的一面。中国人常常说"柔能克刚",那么,究竟什么才算是柔呢?其实,谦卑就是一种柔的智慧,而这种智慧的吸引力的意义是非常深远的。

孔子说:"三人行,必有我师焉。"连孔子都如此谦卑,何况我们呢?我们每个人都不是完人,而谦卑就是让我们接近别人,同时也让别人接近我们的最好表现。道家认为"水善利万物而不争",这就是怀柔的表现。谦卑也是如此,不以锋芒示人,留下的只是低姿态。

谦卑是一种很好的为人处世态度,虚假的做作,只会让人心生厌恶。虽然吸引力磁场强烈,但是这并不能说明吸引力不需要怀柔,刚而易折,唇亡齿寒,怀柔永远比刚硬来得长久。吸引力也是如此,如果吸引力的磁场过于强烈,不仅会灼伤自己,更会灼伤别人,这时,我们就应该及时转变自己的态度,让别人感觉到你的低姿态,别人才会更愿意去靠近你。

我们每个人都有优点和缺点,为何我们总是喜欢掩盖自己的缺点,尽全力去放大自己的优点呢?你不觉得这样做会给人一种生疏感吗?谦卑是人际交往的不二法门,它可以消除人与人交往的隔膜。如果消除了人与人之间的隔膜,我们就自然能和平相处了。在这时,你的吸引力才可以近距离发挥出它的能力,展现出它的强大磁场。

每个人都喜欢结交到一些和自己风格相同或相近的人。尽量保持谦卑,我们才会结交到更多的朋友。但是,最初交往的时候,如果你总是摆出一副

吸引力旋涡：
遇见生命中的每个奇迹

拒人于千里之外的高姿态，只会让别人心生反感，就算想和你接近，也是有心无力。谦卑会让别人感觉到你怀柔的吸引力，而这种吸引力是让别人欲罢不能的，而这时，对方有想靠近你的意愿，他就会在行动上靠近你；就算他暂时无法与你靠近，他也会被你怀柔的吸引力所吸引。

毛泽东曾经说过："谦虚使人进步，骄傲使人落后。"人生的舞台不一定是留给有能力的人，更有可能是留给拥有怀柔智慧的人。时时保持谦卑，我们的人生才会变得精彩，才会有更多的人愿意靠近你。

从前有一位老人，可谓拥有大智慧的人，他总是带领他的弟子全国各地去修行。

有一名弟子经过一番修行后，练成了在水上行走的绝技，非常高兴。不仅如此，这名弟子还做了示范，趾高气扬地跟其他弟子炫耀，并且和老人说："师父，你觉得我水上行走的绝技怎么样？是不是你们每个人都该向我学习啊？"

老人默然不语，而是带领着所有弟子们来到河边，大家一起坐船去对岸。

众弟子都不知道老师的意思，等船到了对岸之后，老人问船家："这一次渡河要多少钱啊？"

船家说："两吊钱。"

这时，老人就对那个趾高气扬的弟子说："孩子，你自豪的新本事不过只值两吊钱，有什么可夸耀的？"

那弟子听完之后，羞愧地低下了头。从此之后，他开始注意自己的言行，终成一代大儒。

形成好的吸引力不容易，但是破坏掉吸引力却是很容易的事。我们都喜欢谦卑的人，因为他们平易近人，他们总是喜欢放低自己，迎合别人。古人说："满招损，谦受益。"就是说一个人不应该太过自满，太过张扬了，这样往往会让人感觉你不谦虚，让人不愿意与你相处，免得不和谐。

先民造出的庙宇和塑像，供人们膜拜，这是对造物主谦卑的一种表现。谦卑可以让我们学会感恩，阳光、清风、泉水……这些都是造物主的恩赐，只有谦卑的人才能发现它的价值,并虔诚地感恩造物主。

只有谦卑的人,生活才会呈现出多姿多彩的颜色,反观那些骄傲自满的人,他们的人生则显得暗淡无光。吸引力总是倾向于刚柔相济的人,因为他们懂得何时应该怀柔,何时应该刚强。著名物理学家牛顿晚年的时候说:"我在科学面前,只是一个在岸边捡石子的小孩。"这句话正表现出了这个伟人的谦卑态度。牛顿穷尽毕生精力,发现了宇宙的浩渺,但牛顿还是谦卑地看到了自己的局限性。

吸引力能够形成磁场,但是谦卑却能让吸引力变得伟大。如果我们站在世界面前仍然不谦卑,这就说明我们的过度自满、过度骄傲。刚和柔是对立的两端,谦卑和很多负面情绪也是对立的两端,比如骄傲、嫉妒、自满,等等。吸引力需要的是正面情绪,这就需要我们尽量发扬吸引力怀柔的一面,这样,我们才能因谦卑而伟大。

吸引力法则

孔子说:"三人行,必有我师焉。"连孔子都如此谦卑,何况我们呢?我们每个人都不是完人,而谦卑就是让我们接近别人,同时也让别人接近我们的最好表现。道家认为"水善利万物而不争",这就是怀柔的表现。谦卑也是如此,不以锋芒示人,留下的只是低姿态。

吸引力能够形成磁场,但是谦卑却能让吸引力变得伟大。如果我们站在世界面前仍然不谦卑,这就说明我们的过度自满、过度骄傲。刚和柔是对立的两端,谦卑和很多负面情绪也是对立的两端,比如骄傲、嫉妒、自满,等等。吸引力需要的是正面情绪,这就需要我们尽量发扬吸引力怀柔的一面,这样,我们才能因谦卑而伟大。

05　果敢让吸引力变得更有力量

当断不断，必受其乱。面对棘手问题的时候，我们要做的不是犹豫不决、不是等待，而是应该及时出手，果断地把问题处理掉，优柔寡断会把我们带进无底深渊。记得一位哲人说过："优柔寡断的人从来不是属于他们自己的，他们属于任何可以控制他们的事物。一件又一件的事总在他犹豫不决时打断他，就好像小树枝在河里漂浮，被波浪一次次推动，卷入一些小旋涡。"由此可见，果敢的人拥有自己强大的吸引力磁场，他们的果敢会营造出一种气势，能够感染到身边的人。

古时行军打仗，我们常常会听到："将军一怒，千军辟易！"难道将军真的有万夫不当之勇，遇见不计其数的兵士，高喊一声，就使庞大的军队退避，以至于一路凯歌高奏吗？其实不然，这其中最主要的原因就在于将军的果敢。将军的果敢形成了一种吸引力磁场，不断潜移默化地影响到身边的兵士，而兵士也被将军的磁场所感染，认为自己也是无所不能的。这样果敢的将军，才是当之无愧的将军。

优柔寡断的人往往会与机会擦肩而过，他们不懂得把握，总是想再缓一缓也可以吧，过几分钟也没问题吧，但结果往往事与愿违，机会早已经随着时间的推移悄然消失掉了。如果想要成功，就要果敢地做出决定。犹豫只会加剧事情的恶化，而果敢则会避免事情进一步恶化，并且能够及时地把问题解决掉。

果敢的吸引力在现代社会也是显而易见的，我们所能看到的成功人士，他们就是果断行事的代表人物。如果没有果敢，他们是不可能成功的。成功之所以能够吸引成功，主要就在于吸引力所能形成的强大磁场，这种磁场能够让优秀的品质更加优秀,进而让一个人从成功继续走向成功。

胆小怕事和犹豫不决是我们内心脆弱的具体表现,做事总是喜欢瞻前顾后,对任何事情总是想尽全力做到最好,但是结果往往与愿望相背离。没有翻不过去的火焰山,只有不敢翻越火焰山的人。果敢是成功人士必备的道德品质,它会影响到我们的潜意识,而这种不断吸引一定会让我们受用终生。

有些人总是喜欢犹豫不决,但是等到事后,他才会追悔莫及。世上没有后悔药,更没有使时光倒流的机器,我们要做的就是要把握住现在,让自己绽放出最美好的光芒。果敢能够给我们带来希望,更能给我们带来吸引力。人生不是一劳永逸的,做事果敢、干练的人才会得到机会的青睐,才会取得成功。

战国时期,群雄逐鹿。秦国与赵国是邻国,秦国强大,赵国弱小,秦国始终有吞并赵国的野心。为此,秦昭襄王频繁派兵攻打赵国,一点点地蚕食着赵国的土地。

公元前279年,秦昭襄王准备在渑池约见赵惠文王。对于是否赴约的问题,赵惠文王很犹豫。但是赵国的谋臣蔺相如和大将廉颇都认为必须要去,因为若是不去,那分明就是在向秦国示弱了。

赵惠文王鼓足勇气启程去了秦国,为了以防万一,蔺相如随侍在赵惠文王身旁,李牧率领5000兵士护送,又让平原君率领几万名兵士在赵国边境整装待发。

在渑池之会上,秦昭襄王对赵惠文王说:"听说赵王鼓瑟技术非常好,不妨弹奏一曲,为大家助助兴!"没等赵惠文王回答,就吩咐手下把瑟拿了上来。

赵王无奈,只好弹奏了一曲。

秦国史官当即把这件事记了下来,并且读了一遍:"某年某月某日,秦王和赵王在渑池相见,秦王命令赵王鼓瑟。"

赵王听了自然非常生气。这时,蔺相如拿出一个缶来,跪在秦王面前,要求他说:"听说秦王很会击缶,不如为大家演奏一曲,给大家助助酒兴!"

秦王非常生气,对蔺相如不加理会。蔺相如大喝说道:"大王未免太欺负人了!大王的兵力虽然强大,但是我和大王相隔只有五步,如此近的距离,我身上的鲜血都可以溅到大王身上!"

吸引力旋涡：
遇见生命中的每个奇迹

秦王对蔺相如的威胁感到非常吃惊，不得不拿起缶，胡乱地敲了几下。

蔺相如马上叫来赵国史官，让他把这件事记下来，和秦国史官记录的如出一辙。

秦国的大臣见状哪肯罢休，有人站起来说："请赵王割让15座城池为秦王祝寿！"

蔺相如也不甘示弱："请秦王割让咸阳给赵王祝寿！"

一时间剑拔弩张，气氛非常紧张。秦王早就探知赵国大军驻扎在附近，如果兵戎相见，恐怕也讨不到便宜，便只好暂时忍住了。

在渑池之会上，蔺相如立了大功，赵惠文王非常高兴，回国后，就拜蔺相如为上卿。

在这个故事中，如果蔺相如做事不果敢，就会让自己和赵王深陷险地。蔺相如当断则断，平息了这场祸事。做事果敢不仅可以展现出自己超人的办事手段，更可以感染到身边的人。蔺相如就是如此，他的果断吓退了秦王，而秦王面对有强大磁场的蔺相如，也只能选择退却了。

生活中有很多这样的例子，比如说壁虎，它们看似非常渺小，但是它们非常果决，面对敌害的威胁，它们就会果断放弃自己的尾巴，而尾巴还会不住跳动，以此来分散敌害的注意力，壁虎得以保全自己的性命。如果我们没有这种果敢的话，那么，我们就很容易失去先机，而失败也就会无限向我们逼近了。

梦想其实并不遥远，关键在于你人生的几步路是否能走对，是否能当断则断。果敢有着巨大的吸引力，如果没有这种吸引力作为后盾，不管我们做什么事，都会被客观条件所左右，于是你会失去本应属于你的机会。果敢去做事吧！让别人感受到你的吸引力，这样，你的生活和工作才会一帆风顺！

吸引力法则

当断不断，必受其乱。面对棘手问题的时候，我们要做的不是犹豫不决、不是等待，而是应该及时出手，果断地把问题处理掉，优柔寡断的思想会把我们带进无底的深渊。记得一位哲人

吸引力法则

说过:"优柔寡断的人从来不是属于他们自己的,他们属于任何可以控制他们的事物。一件又一件的事总在他犹豫不决时打断他,就好像小树枝在河里漂浮,被波浪一次次推动,卷入一些小旋涡。"由此可见,果敢的人拥有自己强大的吸引力磁场,他们的果敢会营造出一种气势,能够感染到身边的人。

梦想其实并不遥远,关键在于你人生的几步路是否能走对,是否能当断则断。果敢有着巨大的吸引力,如果没有这种吸引力作为后盾,不管我们做什么事,都会被客观条件所左右,于是你会失去本应属于你的机会。果敢去做事吧!让别人感受到你的吸引力,这样,你的生活和工作才会一帆风顺!

06 渴望成功才能成功

与其说成功取决于人的能力,不如说成功取决于人的渴望。成功的绿灯只会为那些渴望成功,并且不断付出努力的人而打开,就算生命终结就在顷刻之间,他们对于成功的渴望也不会减退分毫。无论人生出现什么困难,不管未来有多么艰辛,他们总是会相信自己一定能走向成功。

心有多大,成功就有多大。如果我们失去了对成功的渴望,人生还有什么意义呢?坚持是对成功者最好的诠释,而渴望也会激发出我们隐藏在内心的吸引力,因为正是吸引力形成的强大磁场带领我们不断向成功迈进。如果我们只有渴望,只是凭空去想而不去做,那么,我们也会白白浪费掉自己这颗渴望的心。

不管在生活中还是在工作中,我们不能因为事情简单而撒手不做,把平

吸引力旋涡：
遇见生命中的每个奇迹

凡的小事做好，做到精益求精，就是一种伟大。渴望是吸引力一种潜意识的激发，它是吸引力对成功的一种强大吸引。渴望引发源源不断的热情，而这种热情又是来源于对成功的渴望。吸引力为我们带来的，就是在渴望背后我们对成功充满激情。

司马光是北宋时期的文学家，他在史学方面有着非凡的成就，他编纂的《资治通鉴》可以和司马迁的《史记》相媲美。《资治通鉴》为我们讲述了从战国周威烈王到五代周世宗，长达1300多年的历史，全书共294卷，不仅如此，书中还有目录和考异各30卷，规模大得惊人。

司马光为了能够著成此书，可谓大费周折，他翻阅的资料超过3000万字，每天都是不停地工作，经常彻夜不眠。就这样，寒来暑往，历时19年，在司马光66岁的时候，终成此书。《资治通鉴》完成后，还没来得及出版，司马光就与世长辞了，但这部著作是中国第一部编年体通史，在中国史书中有极重要的地位。

司马光的坚持，就在于他对成功的渴望。如果我们能像司马光一样，每天保持对成功的渴望，坚持不懈地去努力，我们也会取得成功的。

吸引力对成功的吸引在于我们不断地坚持，如果我们在奋斗途中倒下了，那么吸引力的光芒也会到此戛然而止。没有对成功的渴望，就没有源源不断对成功的吸引力，没有这种吸引，就算再可能发生的事也会变得不可能。

如果有两个人对坐，在两人中间放上一块面包，一个人表现出对面包强烈的渴望，而另外一个人则表现出无所谓，对面包视而不见，最后的结果肯定是第一个人得到了面包。对于成功视而不见的人是不可能成功的，因为他们没有对成功的吸引；渴望成功，为了成功孜孜以求、不断付出努力的人，他们对于成功的吸引力是显而易见的。

1917年，希尔顿怀揣着要成为一名银行家的梦想，筹集到了5000美元，他准备开一家小银行，然后再另谋发展。但是，在当时，银行产业已经饱和了，希尔顿的第一笔投资就打了水漂儿。

希尔顿创业失败之后，心里非常苦闷，但是他没有气馁，他渴望成功，他觉得自己的斗志正在燃烧，他相信，在不久的将来，自己一定能创出一片属于自己的天地。

就在希尔顿苦恼的时候，他听说得克萨斯州有石油，有很多人都跑去挖石油了，而且他们现在都因为挖石油而成为了富翁。但是，等到希尔顿到了的时候他才发现，挖石油需要一大笔启动资金，对于刚受到创业失败打击的希尔顿来说，这笔大数目的启动资金简直就是一个天文数字。

无奈之下的希尔顿只好去了一家旅馆，他想休息一晚，等到第二天再想办法，没想到，旅馆竟然没有空房。希尔顿从旅馆人员那里得知，现在挖石油的人很多，旅馆客房每天都会爆满。旅馆每天分成三个时间段，每个时间段8个小时。希尔顿敏锐地感觉到，以这样的方式来对外面的人出租客房，每8个小时的价钱和以前每一天的价钱相同，这就说明旅馆每天会多获得两倍的利润。

希尔顿看到了希望，他想把这家旅馆买下来。这个决定，为希尔顿日后酒店业的发展打下了坚实的基础。

经过一段时间的发展，1925年，希尔顿在达拉斯建造出了自己的第一家希尔顿酒店。但是好景不长，1929年，美国出现了经济危机。但是希尔顿没有气馁，他选择了继续坚持，最后，创造出了属于他的酒店王国。

在现实生活中，梦想并不遥远，只要我们多一些渴望，不要让自己的脚步停下，不断坚持，这时，我们的吸引力就会源源不断散发出来，而成功也会被我们吸引过来。对成功充满渴望的人，因为有目标，就会不断散发出热情，带领自己走向成功。

人生是一条不断前行的道路，而我们选择坚持，就是源于我们对成功的不断渴望。吸引力法则之所以会发挥强大的效力，主要原因就是我们都有渴望，而这种渴望就是吸引力的催化剂。渴望成功，吸引力才会被不断激发，而成功才会越来越清晰。

吸引力旋涡：
遇见生命中的每个奇迹

> **吸引力法则**
>
> 心有多大，成功就有多大。如果我们失去了对成功的渴望，人生还有什么意义呢？坚持是对成功者最好的诠释，而渴望也会激发出我们隐藏在内心的吸引力，因为正是吸引力形成的强大磁场带领我们不断向成功迈进。如果我们只有渴望，只是凭空去想而不去做，那么，我们也会白白浪费掉自己这颗渴望的心。
>
> 人生是一条不断前行的道路，而我们选择坚持，就是源于我们对成功的不断渴望。吸引力法则之所以会发挥强大的效力，主要原因就是我们都有渴望，而这种渴望就是吸引力的催化剂。渴望成功，吸引力才会被不断激发，而成功才会越来越清晰。

07 不满足，吸引力才会被激发

当我们取得成绩、迈向成功之后，还应该怎么做呢？我想，无外乎两种做法：第一种做法是沾沾自喜，以自己的小成就为荣，每天夸夸其谈，把成功当作一劳永逸的事情，从此之后，每天只是得过且过，吸引力的光芒在这时就会逐渐消失；第二种做法是对自己不满足，每天仍然继续奋斗，用自己的成功吸引力继续吸引成功，进而取得更大的成功。

在国学典籍《韩非子》中记载着一个"守株待兔"的故事，就很能说明这个道理：

古时候有一个农夫，有一次他去田里耕作，当时正值春季，草长莺飞，蜂鸣蝶舞，一派生机盎然的景象。

就在农夫笑眯眯地观赏田野景色时，突然，有一只兔子飞快地跑了过来，由于跑得太快，兔子根本来不及转弯，直接撞到前面的大树上了。农夫看到撞树而死的兔子非常开心，认为自己捡了一个大便宜，于是就想：如果每天在这棵树旁边坐着，每天都能捡到撞树而死的兔子，这样多好，也不用每天早出晚归地耕作，每天还能收获兔子！

就这样，农夫开始了等待。他每天无所事事，就在这棵树旁坐着，等待兔子出现，然后捡起来回家。但是，这个小概率事件很难发生第二次，农夫逐渐消瘦了，田也开始荒了，而撞树而死的兔子再也没有出现过。

农夫捡到一次兔子，意外的满足让他每天都希望坐享其成，这谈何容易？这明显是在为自己的懒惰找借口。守株待兔不如主动出击。自我满足是非常不可取的，只有对自己不满足，才能主动出击，才能离梦想更近。

在成功没有成为现实之前，我们的内心总会充满悸动，每天都是跃跃欲试的状态，这时，我们的吸引力是强大的，好像无所不能一样。但是等到成功来临之后，我们才会发现，原来成功不过如此。成功新鲜感只会存在几天，之后，很多人会意志消沉，会把自己的吸引力忘得一干二净，而等待他们的将会是失败的苦果。

对自己不满足，才能不断激发出我们的潜力，人生不是因为结果而美妙，而是因为过程而精彩。我们不计得失地去坚持，即使我们失败了，倒在奋斗的路上了，虽然我们没有成功，但也会觉得无憾。如果我们每天只是满足不想奋斗，却想收获到更多的东西，我们收到的将会是残酷的现实。

不满足，不甘于平庸，吸引力才会不断被激发。如果我们每天晚上想千条路，到了白天仍然走老路的话，我们的人生将会一成不变，没有价值。我们要做的就是每天想千条路，第二天焕发出我们的激情，去走这千条路，这样，我们的不满足才会变为奋斗的动力，我们的吸引力也会因此变得强大。

美国著名的励志大师拿破仑·希尔曾经做过一个实验：他调查了很多背景不同的人，这些人的背景千差万别，有的人受到过良好的教育，而有的人则是文盲，有的人贫穷，有的人则非常富有。他们从事着不同的职业，每天

吸引力旋涡：
遇见生命中的每个奇迹

奔向不同的人生方向。虽然如此，但是这些人却很少有人是成功的。在这些人当中，有些人每天只是为了生活奔波，觉得每天能够解决温饱问题就足够了，他们不想打破这种平衡，他们只想每天过好自己的生活；有些人则是取得了成功，受到了别人的尊敬，展现出了强大的吸引力磁场。

经过一番研究，拿破仑·希尔发现，那些成功者，他们内心不甘于平庸，他们有合理的人生规划，并且为之不断奋斗。而他们的主要吸引力也会排除掉阻碍他们前进的吸引力反力，让他们更加坚定自己的梦想，他们深信，自己的梦想是一定能实现的。

拿破仑·希尔描述的其中一个调查对象的故事非常感人：

1949年，一个年轻人来到美国通用汽车公司应聘，当时，通用汽车公司只招聘一个人，而应聘者却很多。在面试的时候，面试官对这些人说："我们招聘的这个职位非常重要，竞争非常激烈，希望你们都做好心理准备。"

年轻人看看周围的竞争者只是笑笑："没关系，竞争越激烈，就越能激起我的斗志。我相信，不管多么困难的工作，我都能胜任，并且能够把工作做好！"

经过层层筛选，面试官被年轻人的自信所折服，决定给他一个机会。面试官好像从年轻人身上看到了自己当年的影子，于是，就对身边的秘书说："我刚才招聘到了一个想成为通用汽车公司董事长的人。"

年轻人刚来公司上班，就认识到了一个名叫阿特·韦斯特的人，他对阿特·韦斯特说："我将来一定能成为这家公司的董事长。"年轻人说的话和面试官说的话如出一辙，但是阿特·韦斯特不相信，他认为年轻人在吹牛。

弹指一挥间，32年过去了，年轻人实现了当初的自己许下的承诺，他真的成为了通用汽车公司的董事长。这个年轻人就是罗杰·史密斯。

我们每个人都有欲望，上学的想要获得好成绩，已经工作了的想要升职加薪，结了婚的想要爱情甜蜜……不同的欲望说明我们内心对自己不满足，有了更高的要求。如果我们没有欲望，只会让自己甘于平庸，而自己的吸引力也会随着平庸逐渐消失了。

对自己不满足,就会调动起我们全身的奋斗细胞,而这些细胞将会促使我们向着成功不断迈进。吸引力需要我们内心的欲望去点缀,没有欲望的人生是可怕的。就算我们已经取得成功了,但这并不能代表什么,过去的只能成为历史,总有一天,这些过往将会湮没于历史的洪荒中。只有奋斗,才能让我们的激情永不消退,只有激情,才能让我们的吸引力大放异彩。

> **吸引力法则**
>
> 在成功没有成为现实之前,我们的内心总会充满悸动,每天都是跃跃欲试的状态,这时,我们的吸引力是强大的,好像无所不能一样。但是等到成功来临之后,我们才会发现,原来成功不过如此。成功新鲜感只会存在几天,之后,很多人会意志消沉,会把自己的吸引力忘得一干二净,而等待他们的将会是失败的苦果。
>
> 不满足,不甘于平庸,吸引力才会不断被激发。如果我们每天晚上想千条路,到了白天仍然走老路的话,我们的人生将会一成不变,没有价值。我们要做的就是每天想千条路,第二天焕发出我们的激情,去走这千条路,这样,我们的不满足才会变为奋斗的动力,我们的吸引力也会因此变得强大。

08 忘记负面情绪,形成吸引力的磁场

医学博士班·琼森说:"如今,我们面临着多达1000多种的不同疾病和诊断。疾病,只是说明身体系统的某一环节松脱了,其实这都是由压力引起的。如果再在这个环节上施加足够的压力,它就会断裂,造成更严重的后

吸引力旋涡：
遇见生命中的每个奇迹

果。"人生也是如此，如果我们有一个负面思想没有被排除，这个负面思想就会吸引到越来越多的负面思想，最后，将会导致我们思想的健康受到损害。而这种负面思想将会增加我们的吸引力反力，如果我们不加遏制，这些吸引力反力将会左右我们的主要思维。

我们要做的就是学会遗忘，不仅要学会忘记不愉快的事情，更要学会忘记自己的缺点。一项调查显示：当瘟疫到来的时候，有5000人是真正死于瘟疫的，但是却有5万人死于对瘟疫的恐惧。很多负面思想都是由一个小小的点引发的，而我们需要做的就是防微杜渐，把这些负面思想在萌芽阶段就清除掉。

负面思想之所以会有强大的吸引力，是因为人之劣根性的存在，我们每个人都希望有天上掉馅饼的好事，不愿意去付出，只想索取，这样一来，不仅我们内心的吸引力反力会变得强大，而且我们的人之劣根性也会随之滋长。我们知道，好习惯的养成，优点的形成不是一朝一夕的事情，但是走向堕落却是轻而易举的事情。

在现实生活中不仅疾病会传染，就连负面情绪也会传染。如果我们恐惧，潜意识就会不断散发出恐惧意识，这样，我们就会变得越来越恐惧，就连我们身边的人也会被我们这种恐惧传染；如果我们看到身边的人都在打哈欠，我们不仅会看到，而且我们的潜意识还会条件反射地为我们下达一个想要睡觉的指令，就算我们不想睡觉，也会变得想睡觉了。

人生的痛苦，全都来自于我们的负面情绪，是这些情绪产生了吸引力反力，让我们变得不快乐。这就像是病痛，如果我们不去想它，每天只是想一些快乐的事，一些美好的事，我们就会感觉到人生的美好，病痛也就会被忽视了；如果我们每天都在想病痛，那么，就算是小病，在我们潜意识的不断影响下，也会变成大病。

我们希望人生美好，希望成功，这就需要我们靠积极的吸引力的影响，带领我们攀登上一个又一个高峰。负面思想只会让我们看到世界的阴暗面，只会让我们看到人性的缺点。想要让世界变得美好,就要先让我们自己变得美好,这样,吸引力磁场才能形成,而我们才会成功。

杰克是一家餐厅的经理,他每天都能拥有一份好心情,就算情况再糟糕,他也不会让自己的好心情消失。不管遇到什么样的人,不管发生什么样的事,杰克总是面带微笑。

很多人看到杰克每天如此乐观,非常不理解。有人就耐不住好奇地问:"杰克,你每天那么快乐是因为什么呢?"

杰克微笑着回答说:"每天早上,当我看到第一缕晨光出现的时候,我就告诉自己,今天,我有两种选择,可以选择好心情或者是坏心情。我总会选择好心情,就算有不好的事情发生,我也能从中学到经验。我总能看到别人的闪光点,这样,我就会非常快乐了。"

那人继续问:"但是不是每件事都能轻易解决啊?我们每天遇到的事情,我们自己都不能左右,又怎么能时刻保持好心情呢?"

杰克解释说:"我们不能选择每天将要发生的事,但是我们可以选择一份好心情啊!不管我们选择的是好心情还是坏心情,一天不照样会过去吗?"

几年之后,杰克的餐厅遭到了抢劫,有3名抢劫犯冲了进来,他们用枪抵住杰克的头,让他打开保险箱。由于杰克过度紧张,弄错了一个号码,抢劫犯非常惊慌,就朝杰克开了一枪。邻居听到枪声,很快赶了过来,把杰克送到了医院。经过一昼夜的抢救,杰克终于保住了性命,但是仍然有块子弹皮留在了他的头上。

事情过去半年之后,那人再次遇到了杰克,问杰克最近怎么样,并且问了杰克那次抢劫的经过。

杰克微笑着说:"我很幸运。抢劫犯闯进餐厅的时候,我第一反应就是忘记了锁后门。当抢劫犯朝我开枪之后,我可以有两个选择,一个是我可以死,另外一个就是我可以生。最后,我选择了要活下去。"

那人非常惊讶:"你不害怕吗?"

杰克解释说:"当我被推进急救室的时候,我看到医生和护士紧张忙碌表情

吸引力旋涡：
遇见生命中的每个奇迹

的时候，我也感到了害怕。因为他们的脸上的表情明显是在说，我已经是一个死人了，所以，我知道，我应该采取一些行动了。"

那人问："你采取什么行动了？"

杰克回答说："当时，有一个身材高大的护士问我是否对什么东西过敏，其他人都在等待我的回答，我笑着回答说，有。接下来，我喘了一口气说，子弹。医生和护士在我身边都大笑了起来。这时，我告诉他们，我想活下去，请不要对我失去信心。最后，奇迹发生了，我真的活了下来。"

我们每个人都希望自己能拥有一份好心情，但是，现实是残酷的，在我们快乐的时候，现实总是会把它的残酷呈现出来。这时，我们就需要及时调整好自己，让自己正面思想的吸引力起主要作用，驱散负面情绪。

忘记负面情绪，我们才能轻装上阵，这样，我们才会看到世界的美好，积极思想也会为我们营造出一个强大的吸引力磁场。著名作家罗曼·罗兰说："生活中不缺少美，只是缺少发现美的眼睛罢了。"生活很美好，只要我们能发现生活中的美好，那么，人生处处都是美好的。

吸引力法则

> 在现实生活中不仅疾病会传染，就连负面情绪也会传染。如果我们恐惧，潜意识就会不断散发出恐惧意识，这样，我们就会变得越来越恐惧，就连我们身边的人也会被我们这种恐惧传染；如果我们看到身边的人都在打哈欠，我们不仅会看到，而且我们的潜意识还会条件反射地为我们下达一个想要睡觉的指令，就算我们不想睡觉，也会变得想睡觉了。
>
> 忘记负面情绪，我们才能轻装上阵，这样，我们才会看到世界的美好，积极思想也会为我们营造出一个强大的吸引力磁场。著名作家罗曼?罗兰说："生活中不缺少美，只是缺少发现美的眼睛罢了。"生活很美好，只要我们能发现生活中的美好，那么人生处处都是美好的。

第六章
主宰你的意识,把欲望变成跳板

存在决定意识,意识对存在具有反作用。我们想要达到目标,就要重视我们和意识之间的关系。我们的吸引力能够产生磁场,磁场能影响我们的潜意识,而正是潜意识的能量会左右我们未来的走向。

我们要做的不是成为意识的奴隶,而是成为意识的主人,只有如此,我们才能在成功路上继续前进。如果我们被意识所左右,吸引力的光芒就会暗淡,而我们也就很难再取得成功了。

01 纵欲的结果是输掉自我

我们每个人都有欲望,对空气、阳光、水等的需要都是欲望,对于各种情感、金钱等的需要也是欲望。没有欲望的人生是没有追求的人生,与行尸走肉没有多大的区别。但是欲望是要有限度的,无限制地纵欲的后果,会让我们吸引力的光环变得暗淡,进而输掉自我。

我们都有改变世界的欲望,但是真正能做到的又有几人呢?我们要做的不是先去改变世界,而是先去改变自己。有些人欲壑难平,得陇望蜀,总是希望自己获得更多的东西,但是结果往往是得不偿失。欲望是我们每个人心底的不满足,这种不满足会让我们形成吸引力磁场,而这种磁场会促使我们采取行动。

态度决定高度,但是如果把自己的位置放得过高,最终的结果将会是脱离实际。欲望要因人而异,我们每个人的能力各有不同,这就导致我们每个人欲望的千差万别。欲望的吸引力就在于不让我们甘于平庸,因为我们是实实在在的人,是有目标有梦想的高等动物。如果我们否定了我们的梦想,欲望就会深藏于我们的心底,就再也没有出头之日了。

有欲望的人就应该有摧枯拉朽般的气势,只有拥有这样的气势,才能带领我们走向成功。欲望是有限度的,就像气球一样,如果无限膨胀,那么,最终的结果就是气球爆炸。而我们的欲望也是如此,如果我们的欲望无穷大,我们就会感觉做任何事情都力不从心,而由此带来的后果就是失败。

俄国著名作家列夫·托尔斯泰说过:"正是自尊和野心时常激励着我去行动,让我回味无穷的经历是在杂志上阅读关于《马克尔的笔记》的评论。"

托尔斯泰发现这些评论既能供人消遣又具实用价值，让他能从中发现欲望的价值。

成功之所以伟大，是因为它切合实际，有一个限度，在这个限度之内，我们能尽最大能力取得成功。欲望也是如此，也有一个限度，多一分不可，少一分不行。只有让欲望在最正确的轨道上发挥作用，才能体现出它的价值。而此时的吸引力也会因为恰当的欲望而变得光彩照人。

三洋电机公司的创始者井植岁男，他就是有强烈欲望的人。在当时，三洋电机公司只有二十几个人，但是井植岁男认为，他的公司会像海洋一样宽广。他认为公司生产的自行车自动发电等设备一定能够卖到太平洋、大西洋、印度洋，卖给全世界的每一个人。所以，他把公司命名为"三洋"。正如井植岁男所料，他的三洋电机公司一步一步发展起来了，真像海洋一样掀起了滔天浪花，开辟出一条属于自己的发展道路。

当然，欲望不是越多越好。井植岁男根据自身现状做出的规划不是头脑发热随便说的。

在一条河的岸边，有几个人在钓鱼，还有几名游客在欣赏风景。这时，有一名垂钓者钓上来一条大鱼，足有一尺半的样子。但是垂钓者却不为所动，他把鱼嘴上的吊钩取了下来，接着做出了一个惊人的举动，他把大鱼扔进了河里。

围观者非常惊讶，他们认为这个垂钓者太贪心了，竟然连这么大的鱼都不要！过了一会，垂钓者钓上来一条一尺来长的鱼，钓鱼者又把鱼扔了下去。如此再三，垂钓者钓上来一条几寸长的小鱼。旁观者都觉得垂钓者会继续把鱼扔到河里，但这次出乎意料的是，垂钓者把鱼留了下来，放到了鱼篓中。

旁观者表示很不能理解，就问垂钓者为什么。垂钓者解释说："我家里的盘子最大的也没有一尺长，太大的鱼钓上来，就算带回去，盘子也装不下。"

欲望不管大小，能够根据自身情况进行判断，并且能够最终实现，这就代表欲望起到了积极的作用。欲望的大小，取决于它掌握在谁的手中。我们

吸引力旋涡：
遇见生命中的每个奇迹

需要欲望来激起自己奋斗下去的决心，而欲望给我们带来的不仅仅是决心，更是一种挥之不去的吸引力，如果我们善加利用，就会收获到非常好的效果。

机会是转瞬即逝的，适当的欲望能让我们看到机会；过度的欲望则会让机会从我们身边溜走。善待欲望，我们要掌握住欲望，因为我们是主人，如果我们被欲望所掌握，那么，我们的人生就会走向谷底。

别埋没我们心中的欲望，只要它合理、适度，不会损害别人的利益，那么，它就是好的。如果我们有成功的欲望，我们就应该让欲望产生吸引力，让我们的人生充满精彩。

> **吸引力法则**
>
> 我们都有改变世界的欲望，但是真正能做到的又有几人呢？我们要做的不是先去改变世界，而是先去改变自己。有些人欲壑难平，得陇望蜀，总是希望自己获得更多的东西，但是结果往往是得不偿失。欲望是我们每个人心底的不满足，这种不满足会让我们形成吸引力磁场，而这种磁场会促使我们采取行动。
>
> 成功之所以伟大，是因为它切合实际，有一个限度，在这个限度之内，我们能尽最大能力取得成功。欲望也是如此，也有一个限度，多一分不可，少一分不行。只有让欲望在最正确的轨道上发挥作用，才能体现出它的价值。而此时的吸引力也会因为恰当的欲望而变得光彩照人。

02 把金钱当成外在的工具

很多人喜欢追名逐利，总是把金钱和权势看得很重，这样的人生活得很累，而且也获得不了多大的成就。钱财是身外之物，就算我们赚再多，也不会有满足的那一天。我们要做的就是把金钱看淡一些,这样,我们才会变得轻松。

如果我们把金钱看得太重的话,就会使我们的全身有一股铜臭味。过度在意金钱,会让我们变得斤斤计较,变得非常吝啬,非常小气。当我们被金钱所操纵的时候,我们就会发现,吸引力的光芒就会被金钱盖住,我们的人生也会因此失掉色彩。

其实,除了金钱,我们的人生还有很多宝贵的东西,比如亲情、友情、爱情等。我们不能被金钱所左右,我们要做的就是让金钱被我们自己所掌控,这样我们才能激起奋斗的决心,这时,我们的吸引力才会变得强大,生活才会变得美好。

金钱是身外之物,生不带来,死不带去,把金钱看淡的人,往往能获得更多的金钱;把金钱看得太重的人,反而会让金钱流失掉。其实,有些人在意的不是金钱本身,而是别人的看法,我们想赚到更多的金钱,以为这样,别人就会羡慕自己,崇拜自己,但越是这样,吸引力的反力就越强烈,吸引力反力就会让你的金钱在一瞬间全部消失掉。

比尔·盖茨是微软总裁,他把自己大部分的资产捐给了社会。作为世界首富,比尔·盖茨认为:"如果你认为拥有享用不尽的金钱,便可享受到常人无人能及的幸福,你就错了。其实,当一个人拥有的金钱超过一定数量时,它就只是一种数字化的财产标志而已,简直毫无意义。"

过多地追求金钱反而与幸福背道而驰,因此不如换个角度去看待金钱,让金钱成为我们前进的动力,这样,我们的人生才会变得精彩。人的吸引力是无穷无尽的,它不会因为金钱的多少而改变。也许你会说,金钱最实际的是能够改变我们的物质生活,能够让我们拥有锦衣玉食,怎么能没有改变呢?这样别人就会关注我们了,难道别人会因为你的外表而忽视你的内在吗?其实,吸引力的真正含义是内在的而不是外在的。因此,我们要做的就是保持一种淡然的心境,这样,我们才会远离物欲横流的泥淖。

吸引力旋涡：
遇见生命中的每个奇迹

IBM公司前总裁汤玛士·华生，一直想要在美国商界呼风唤雨，想让公司百尺竿头，更进一步。每天，汤玛士·华生都在不知疲倦地工作。

一段时间之后，汤玛士·华生因为过度劳累，患上了心脏病。医生建议他要少工作，多花时间去休息，但是汤玛士·华生不听，依然废寝忘食地工作。他认为，现在是公司的关键时期，如果不努力工作，公司就会止步不前，而效益也就会成为一纸空谈。

正当汤玛士·华生废寝忘食投入工作的时候，他的心脏病复发了。医生检查之后发现，他的病情急剧恶化，如果再不住院治疗的话，就会有生命危险。医生强烈要求汤玛士·华生住院，但是汤玛士·华生却说不行，他解释说："我的公司现在正需要我，我每天都要忙工作，哪有时间住院啊？每天有那么多的员工等着我养活，我怎么可能安心住院治疗呢？"

医生看着汤玛士·华生，没有说话，而是叫他一起出去走走。当他们走到荒郊的一处墓地的时候，医生指了指身旁的坟墓说："躺在这里的是一位亿万富翁。我曾劝说他无数次要住院，但是他总说自己要赚钱，他要等到赚够钱之后再来住院。但是等到他来住院的时候，我用了最先进的治疗设备，用了最好的药，但是于事无补，他还是去世了。"

汤玛士·华生沉默良久，他站在那里思索了很长时间，最后决定住院。第二天，他包下了医院里的一间病房，并且装上了一部电话机和一部传真机。在医生们的努力下，汤玛士·华生最终康复出院了。

出院之后的汤玛士·华生辞了职，在乡下买下了一栋别墅，过起了闲云野鹤般的生活。这样闲适的生活让汤玛士·华生非常满意。他还热衷于慈善事业，希望能为更多的人解决生活问题。

拉丁语里面有一句话说得很好："当我们把金钱当成奴隶时，它是个好奴隶；而当我们把金钱当成主人时，它就是一个坏主人。"事实的确如此，除了金钱之外，还有很多有价值的东西值得我们去追求，去把握。

不要把钱看得太重,如果看得太重的话,我们就会被金钱所累,而我们的吸引力就会变得非常薄弱;如果我们把金钱看淡一些,我们就会觉得自己身轻如燕,没有任何事情能够左右到你,而吸引力也就会展现出来。

我们需要的不是金钱,而是快乐,是每天的幸福生活。只要我们热爱生活,能够从心灵上发现温暖,感受到生活的灵动,即使没有太多的金钱,我们也会很快乐。尽情去享受生活吧!这样,我们才能更好地领悟到生活的真谛!

吸引力法则

很多人喜欢追名逐利,总是把金钱和权势看得很重,这样的人生活得很累,而且也获得不了多大的成就。钱财是身外之物,就算我们赚再多,也不会有满足的那一天。我们要做的就是把金钱看淡一些,这样,我们才会变得轻松。

我们需要的不是金钱,而是快乐,是每天的幸福生活。只要我们热爱生活,能够从心灵上发现温暖,感受到生活的灵动,即使没有太多的金钱,我们也会很快乐。尽情去享受生活吧!这样,我们才能更好地领悟到生活的真谛!

03 学会忍耐,你的意识才会被你主宰

人生的道路会很崎岖,在面对困难的时候,最需要我们做的就是学会忍耐,这样,我们才能暂避风头,静待时机,等到时机出现而一举取得成功。诚然,每个人都是有欲望的,但是欲望实现的过程并不是一帆风顺的。在实现梦想的艰辛道路上,如果遇到了瓶颈,我们最应该做的就是保持住自己,暂时忍耐,随着时间的不断流逝,我们将会看到平坦的大道。

吸引力旋涡：
遇见生命中的每个奇迹

河蚌只有忍受住沙砾的磨砺，才能孕育出绝美的珍珠；铁片只有经过烈火的淬炼，才能炼就锋利的宝剑。人因为忍耐而变得坚强，我们要能屈能伸，唯有如此，人生才会拥有独特的吸引力，而这种忍耐的吸引力能让我们曲折的人生变得更有分量。

人活一生，贵在能忍。人的一生本来就是经受磨炼的一生，得不到的和已失去的太多太多，如果我们无法忍耐，发生一丁点儿事情就刺激到敏感的神经，我们将变得不知所措，这样的人生将非常痛苦。如果我们能够坦然一些，面对困难能够一笑置之，面对危险能够淡然处之，这样的人生才会充满希望。

欲望是无限的，如果有很多欲望摆在我们眼前，我们最应该做的就是学会忍耐，不能眉毛胡子一把抓，要学会分清主次，把一些次要的东西安排到最后，这样，我们的人生才会变得轻松，而吸引力也会来得更加自然。

人生中会遇到各种各样的事情，有好的，有坏的，纷繁复杂，如果我们过于在意，总想一口气全部消化掉，是不可能的。我们要做的就是学会忍耐，忍耐是一种宽容，它可以让我们心中的厌烦和不满都随风而去。

朋友发牢骚的时候，我们要忍；物价上涨的时候，我们要忍；时间流逝的时候，我们更要忍……其实，人生就是一场不断忍耐的历练，学会忍耐，我们才能达到人生中"漫随天外云卷云舒，闲看庭前花开花落"的境界。

我们每个人都喜欢争强好胜，都有欲望，但是你有没有想过，太过于暴露自己情绪的人，很容易暴露出自己的缺点。与其张扬，不如内敛。我们要做的就是藏住自己的缺点，学会忍耐，把自己的缺点埋在心里，这样，我们吸引力的磁场才会变得强烈，才能影响到别人。

春秋战国时期，越王勾践被吴王夫差降伏，勾践佯装称臣，为吴王夫差养马。吴王患病，勾践亲口为其尝粪，获得信任，被放回国。回国后的勾践体恤百姓，减免税赋，并和百姓同吃同住。他还在头顶挂上苦胆，经常尝苦胆之苦，忆在吴国所受的侮辱，以警示自己不要忘记过去。经过十多年的艰苦磨炼，勾践终于一举灭吴,杀死夫差,实现了复国雪耻的抱负。

现实往往是残酷的,你越是需要,现实往往越不会给你,我们要做的就是暂时的忍耐,这样,别人才会看到你的风度。如果你总是太在意得与失,那么,你的吸引力就只会停留在得与失的表象上,进而失去了人生的意义。

古语云:"忍一时风平浪静,退一步海阔天空。"人生因为忍耐而精彩,忍耐是我们为人处世的一剂良药。如果我们能控制住自己的情绪和心态,我们身上的吸引力就会逐渐显现出来,谁不喜欢收放自如的人呢?这样的人善于审时度势,该说的就说,不该说的就不说,这样的人才会散发出独特的人格魅力。

> **吸引力法则**
>
> 河蚌只有忍受住沙砾的磨砺,才能孕育出绝美的珍珠;铁片只有经过烈火的淬炼,才能炼就锋利的宝剑。人因为忍耐而变得坚强,我们要能屈能伸,唯有如此,人生才会拥有独特的吸引力,而这种忍耐的吸引力能让我们曲折的人生变得更有分量。
>
> 我们每个人都喜欢争强好胜,都有欲望,但是你有没有想过,太过于暴露自己情绪的人,很容易暴露出自己的缺点。与其张扬,不如内敛。我们要做的就是藏住自己的缺点,学会忍耐,把自己的缺点埋在心里,这样,我们吸引力的磁场才会变得强烈,才能影响到别人。

04 耐心等待,吸引力才会跟着你走

被称为"奇迹创造者"的法国人拿破仑说:"等待与机会同在。"善于等待的人总是能收敛起自己的锋芒,进而营造出一种柔和的磁场。我们常常会看

吸引力旋涡：
遇见生命中的每个奇迹

到做事毛手毛脚的人，这些人做事非常冲动，不管三七二十一就直接冲上前去。这样的人往往会被现实撞得头破血流，等到他们被击打得体无完肤时才迷途知返，但是已经晚了。

等待不是一味地坐以待毙，而是伺机而动，时时关注四周动态，真正做到以逸待劳。很多人在失败之后选择了等待，但这些人的等待只是听天由命，总是期待有奇迹发生，殊不知厄运正在等着他们。没有目的的等待是消极的，这样的等待只会让你的吸引力消失，你的欲望也会在这种等待下消失殆尽。

等待的过程是痛苦的，但是有些时候，我们又不得不等待，因为时机还没有成熟，如果我们盲目地去做，那么后果必然是失败。其实实现梦想的道路多种多样，我们可以通过各种各样的方法来实现它。

有人说等待是痛苦的，比如等车、等人，这就更需要我们有耐心。沉得住气、有耐心的人才能拉近成功和自己之间的距离。有人说，耐心是一张蜘蛛网，就算没有猎物，也要在风中等待。为什么我们看成功，总是觉得成功离我们越来越远？这主要就是因为我们没有耐心，而我们旷日持久积攒起来的吸引力也会因为没有耐心而随风远去了。

意志力是我们不断奋斗的心理筹码，而耐心等待就是意志力坚忍的外在体现。等待的时候，我们不要想放弃，我们要多想想等待过后成功的美好。人生成功与否，关键在于我们是否会被困难吓倒。如果我们失去了耐心，被困难吓倒了，那么，我们只能在人生的舞台上被判出局。但是，当我们的吸引力足够强大的时候，它就会为我们的潜意识提供一个向上的影响力，这样，我们才会觉得耐心等待不是徒劳的。

立场坚定的人，会觉得耐心等待是正确的，如果在等待过程中掉以轻心，我们的等待就会失去意义。人生的舞台之所以夺目耀眼，不仅在于世界上有形形色色的人在表演，更在于每个人的奋斗历程多种多样。不要瞧不起小孩子，因为他是你来时的路；不要瞧不起老人，因为他是你去时的路。耐心地去等待,一切都是在意料之中。

在很久以前,有一个农夫,是一名年轻的小伙子,他想要和情人约会,但是小伙子是一个急性子,来得太早,他见情人还没来,就无可奈何地选择了等待。

就在小伙子苦恼的时候,他的面前出现了一名侏儒,他对小伙子说:"我知道你为什么闷闷不乐,你拿着这枚纽扣,把它缝到你的衣服上。当你失去耐心,不能等待的时候,就转动这枚纽扣,这时,你就会穿过时间,想去哪里就能去哪里。"

小伙子听了非常开心。他接过纽扣缝到衣服上,并在即将失去耐心的那一刻转动了纽扣,奇迹出现了:

他发现情人就在眼前,而且还在对着他微笑。小伙子心想:如果我能和她结婚,那就更好了。于是,小伙子又转了一下,没想到婚礼真的举行了,嘉宾满座,管乐齐鸣。小伙子抬起头,看见妻子那双好像会说话的眼睛,心想,嘉宾太多,如果没有人,只有我们两个人享受二人世界该多好啊!小伙子又转动了一下纽扣,身边就真的出现了一座大房子。接下来,小伙子沿着自己的轨道,穿梭于时间的隧道,转眼间,他就儿孙满堂了,而他也变成了一个老态龙钟的老人。他体验到了人生种种,再也没有心情去转动纽扣了。

老人回首往事,他对自己不能耐心等待追悔莫及,他忽然发现,其实,等待在生活中有着非常独特的意义。他多么想回到自己年轻的时候。于是,小伙子用力把纽扣从衣服上扯了下来。这时,小伙子惊醒了,原来这只是一场梦。

有了这样的梦幻经历,小伙子已经学会了等待。

耐心等待不是在做无用功,而是在积蓄力量。我们学会耐心等待,心中的焦躁不安才会烟消云散。等待可以让我们的成功更有味道。成功是一条漫长的道路,而成功不仅需要审视,更需要我们拥有超强的耐心。真正有吸引力的人拥有着强大的磁场,而这种磁场会让我们甘心等待,不为干扰所动。学会耐心等待,我们才能体会到生活中的那种闲适。

耐心能培养我们的吸引力,而吸引力会在我们不断耐心等待中成长起来。人生没有永远的顺境,也没有永远的逆境,这就需要我们更加有耐心。梦想只会留给有耐心的人,只会留给愿意等待的人。而这样的人正因为有吸引力,才会被成功眷顾,并且成功的道路上越走越远。

> **吸引力法则**
>
> 有人说等待是痛苦的,比如等车、等人,这就更需要我们有耐心。沉得住气、有耐心的人才能拉近成功和自己之间的距离。有人说,耐心是一张蜘蛛网,就算没有猎物,也要在风中等待。为什么我们看成功,总是觉得成功离我们越来越远?这主要就是因为我们没有耐心,而我们旷日持久积攒起来的吸引力也会因为没有耐心而随风远去了。
>
> 立场坚定的人,会觉得耐心等待是正确的,如果在等待过程中掉以轻心,我们的等待就会失去意义。人生的舞台之所以夺目耀眼,不仅在于世界上有形形色色的人在表演,更在于每个人的奋斗历程多种多样。不要瞧不起小孩子,因为他是你来时的路;不要瞧不起老人,因为他是你去时的路。耐心地去等待,一切都是在意料之中。

05 霸气让吸引力更有力度

我们说的霸气不是蛮不讲理,也不是横行霸道,而是有勇有谋。平凡人之所以永远平凡,就在于他们没有冲天的霸气。霸气,是改变吸引力的一道黄金法则。

著名史学家左丘明在《曹刿论战》中说:"夫战,勇气也,一鼓作气,再而衰,三而竭。彼竭我盈,故克之。"这就说明,古代两军对垒,最重要的就是气势,就是霸气。霸气会在我们身上形成一种吸引力,让我们的意识更好地为欲望服务。

纵观古今历史,正因为有霸气,秦始皇才能鞭笞天下,威举宇内,大败六国,完成一统天下的伟业;精卫之所以能够填海成功,就在于她有霸气,能够持之以恒进行填海;愚公年近九十,但是仍然挖山不止,靠的也是霸气……成就一番伟业的人,他们之所以成功,就是源自心中的那一腔霸气。

成功之路漫漫,为什么有的人不畏艰险,勇往直前?主要就在于他勇于挑战,就算困难近在咫尺,他也会抬头挺胸直视困难。相比于畏畏缩缩、避重就轻、一见事情不妙就退缩的人,这些有霸气的人就显得非常突出了。霸气因为气势强烈,就能让吸引力更有力度,有了这样一种力度,梦想的实现也就成了必然的事情了。

现代社会是一个竞争的社会,你不冲上前去,就会有人从后面冲上来。逆境之所以显得难以逾越,主要障碍就是我们内心本能的恐惧,面对困难,谁都想暂避风头,躲过一时,但是你越是想逃避,现实就越残酷。如果你换一种方法,由内到外散发出一种霸气,那么,你就有可能与风浪搏击,才有可能到达成功的彼岸。

老虎之所以能成为百兽之王,就在于在它的眼中所有动物都是猎物,这样的心理全部得益于它与生俱来的霸气。现实中也一样,如果我们和人争论,不拿出一点霸气来,就很容易被对方给压倒,进而成为对方的手下败将。

拿破仑曾经说:"不想当将军的士兵不是好士兵。"这是为什么?想要当将军需要什么?想要当将军最需要的就是统帅的霸气。敢于去尝试,并且不计得失地去努力,我们才能看到希望的曙光。人的生命在最开始的时候,根本没有贫富贵贱之分。人的生命无法用数量来衡量它的价值,衡量生命的价值主要在于我们对社会奉献了多少,索取了多少。为什么有的人生命价值非

吸引力旋涡：
遇见生命中的每个奇迹

常高，而有些人非常低呢？这主要在于有些人敢于付出，敢于为了实现自己的价值不断奋斗。

有一个在政治军事上叱咤风云的人物，他身高八尺、膀大腰圆、四肢发达、力能扛鼎，这就是西楚霸王项羽。正是因为项羽从小就胸怀大志，所以才成就了他日后起兵反秦、威震天下的壮举。

公元前221年，秦始皇一统天下。秦王称帝后，抓捕六国贵胄遗民，项燕家族就在通缉名单中。项羽从小就死了父亲，由他的叔叔项梁照顾。他们隐姓埋名，在吴中避难。项梁叔侄心中暗藏报仇雪恨的决心，只等时机一到，一举推翻秦朝的统治。

项羽年幼时，项梁教他书法，项羽学得很没有耐心。成年后，项梁又教他剑术，项羽学了三天又不学了。项梁见项羽不学文也不学武，非常生气，就狠狠地训斥道："你这么不学无术，怎么能报得了国仇家恨？"

不料项羽却不以为耻，他说："学习读书写字，能记住姓名就可以了；学习剑术，也只能和几个人作战。我要学就学习兵法，指挥千军万马。"项梁听后非常惊喜，认为项羽胸有大志。于是，项梁就悉心教导项羽学习兵法。生性粗犷急躁的项羽虽然学得不是很深入，但却对排兵布阵很感兴趣，竭尽全力学习战略战术，总结以智取胜的诸多兵法。

正因为项羽从小就立志要报国仇、雪家恨，再加上他性格粗犷，力大无双，吴中子弟都十分钦佩他。项羽非常喜欢武术，在吴中结交了很多和自己年纪相仿的有志青年。他们受项羽影响，都喜欢使枪弄棒。待到项梁起义时，已聚集有一批有志之士，整编起来足足有八千人。他们自称为江东子弟，成为日后项氏打天下的中坚力量。

秦始皇统一天下以后，为了巩固政权，就在全国各地巡游，炫耀自己的功绩，镇压反抗势力。战国末期，楚国在其余六国中最强大，抗秦也最坚决。秦始皇统一天下之后，对楚地实行高压统治，对此楚地人民非常不满。当时楚地流行一首民谣，其中两句是："楚虽三户，亡秦者必楚。"

公元前210年冬,秦始皇又一次出巡,重点到江浙一带巡查。秦始皇一队人马仪行严肃,场面十分壮观。吴中这次接待秦始皇的事宜就由项梁全权负责。当时,项羽已经22岁了,俨然一个勇武过人的青年。项梁把项羽放到最紧要处,以便能够随时观察到秦始皇。站在两旁的百姓看到这威风凛凛、华丽异常的车驾奔驰而来,都呆呆地站在旁边,连大气也不敢出。

唯独项羽站在人群里,比别人高出一头,瞪着炯炯有神的大眼,不禁脱口而出:"彼可取而代也。"站在项羽身后的项梁听到这话后,惊出一身冷汗,连忙用手捂住了项羽的嘴巴,小声说:"不要胡说,这是要灭族的。"项梁虽然口头上责备了项羽,但是心里却是一阵暗喜。他非常惊讶项羽竟有如此的胆识和壮志,竟然敢藐视秦始皇,想要取而代之。

这一年,秦始皇在回咸阳的路上得病死了。第二年,秦二世继位后没多久,陈胜、吴广就在大泽乡起义,项梁和项羽也起兵反秦。

后来,在行军打仗中,项羽骁勇善战,对秦兵视如无物,尽情展示了一代英豪的威风。而这也正是项羽霸气延续下来的结果。

人生短短数十寒暑,如果我们想要活得辉煌,活得轰轰烈烈,就应该培养出一身的霸气,而人正是因为有了霸气,才会勇敢前进,才会永远执著于梦想,为了实现目标,锲而不舍地去努力奋斗。勇敢地去面对现实,因为我们没有逃避责任的义务,这样,我们的人生会因为霸气而变得精彩。

梦想之所以伟大,就在于实现它的人伟大;人生之所以精彩,是在于追求梦想的道路精彩。让霸气充盈于我们全身吧!这样我们的吸引力才会更有力度,这时,我们才有勇气说,我们的人生一直都在成功的路上驰骋!

> **吸引力法则**
>
> 　　我们说的霸气不是蛮不讲理,也不是横行霸道,而是有勇有谋。平凡人之所以永远平凡,就在于他们没有冲天的霸气。霸气,是改变吸引力的一道黄金法则。
>
> 　　纵观古今历史,正因为有霸气,秦始皇才能鞭笞天下,威举宇内,大败六国,完成一统天下的伟业;精卫之所以能够填海成功,就在于她有霸气,能够持之以恒进行填海;愚公年近九十,但是仍然挖山不止,靠的也是霸气……成就一番伟业的人,他们之所以成功,就是源自心中的那一腔霸气。

06　独具慧眼,走出一条不平凡的道路

　　有些人失败了总是会埋怨,我已经足够努力了,已经倾尽所有了,为什么现实这么残酷,让我一而再,再而三地失败?其实,成功不是梦,一味地努力是不可取的,关键是要走对路,找对方向,这样,成功的道路才会在你脚下展开。如果你对成功只是单相思,每天只是不管三七二十一地拼命工作,这样收到的成效是非常微小的。

　　温州人就是独具慧眼的人,在温州人最初创业的时候,南方的市场已经接近于饱和了,而北方的市场还没有被开发。为了能够取得成功,温州人毅然决然选择了北方,他们知道,如果去南方,即使还有一点市场,由于温州人初涉南方,是一股新生力量,强龙也是压不住地头蛇的。

　　经过一番斟酌,温州人选择了北方,他们知道北方的市场还没有开发,还是一片处女地,和南方相比,北方有着更大的发展前景。最后,温州人取得了成功,

他们的独具慧眼让他们成为了商业巨人。

人生中,成功的机会无处不在,只要我们善于发现,成功就会在我们的眼前出现。成功不一定是按部就班地走一条规规矩矩的路。在别人没有开发过的处女地上奋斗,我们才能走对路,才能一直在成功的路上不断前进。而这就需要我们独具慧眼,善于发现,善于从生活中积累经验,用心体会生活中的细节,这样,我们才会离梦想越来越近。

吸引力需要新鲜思维的不断刺激,而独具慧眼就很好地满足了吸引力的这种需求。独具慧眼能让我们在平凡中看到闪光点,能让我们在失望中看到希望,在迷茫中看清方向。成功其实并不遥远,只要我们善于在生活中发现,成功就会源源不断地到来。

人的一生不是一个单调的旅程,我们更不要把自己和别人画上等号。别人做的事情不一定能成功,就算成功了也不一定能适合你。每个人的未来是由每个人自己把握的,我们要做的就是不要总是走别人的老路,否则,你很容易重复别人的故事。

成功的实现在于坚持,而选对成功的道路则在于独具慧眼,只有选对成功的道路,我们的吸引力才会积极地影响到我们。人生在于把握,成功在于发现,只要我们在正确的人生轨迹上努力奋斗,就必然会走出一条不平凡的道路。

美国得州曾经有一座很大的女神雕塑,经过多年的日晒雨淋,无人管理,已经没有了往日的光彩,眼看着就要变成一堆废物了。政府决定把它推倒,但是推倒之后,这座女神像就变成了垃圾,如果要处理干净,就要把这些垃圾运往垃圾场,这笔账算下来,要花上将近3万美元,而且很多人都不愿意做这件事。

商业嗅觉极为灵敏的斯塔克和别人的思维不同,他觉得这是一个商机。他和政府商议,只需政府拿2万美元给他,他就愿意把这堆废物垃圾处理掉。不过斯塔克有一个要求,那就是不管他用这堆垃圾做什么,政府都不能干涉。政府当即和斯塔克达成了协议。

吸引力旋涡：
遇见生命中的每个奇迹

签完协议，斯塔克马上找人把这些废料进行分类处理：铜的废料就做成纪念币，铝的就做成纪念尺，水泥的做成小石牌……总之，斯塔克把这些废料进行了归类处理，然后物尽其用，都做成了别致的小物品。

不仅如此，斯塔克还故作神秘，招来一批军人，把广场的这些地方都围了起来，禁止路人围观。

斯塔克的神秘举动引起了路人的好奇，他们纷纷猜测，斯塔克在干什么呢？女神像已经倒下了，在这里还能做什么呢？

有一天，一名路人偷偷溜了进去，竟然找到了一枚纪念币，这件事很快就引起了轰动。斯塔克顺水推舟，推出了他的计划，并且说："时如逝水，永不回头，美丽的女神像已经湮没在历史的洪荒中，而它却给我们留下了很多纪念品，让我们永远记住它昔日的光彩。"

斯塔克的计划成功了，他制作的这些纪念品很快就被顾客抢购一空，他从这些垃圾中赚到了12.5万美元。

世上没有垃圾，只有放错地方的宝贝。我们不要总是拘泥于自己的惯性思维，进而忽视了自己的创新思维。其实，成功就像散落在角落里大小不一的铁块，不只是大的铁块就是好的，这时最需要我们做的就是努力发现成功，然后用自己吸引力的磁场把它吸引过来，这样，我们才能走上一条正确的道路。

对于成功者，成功不是一种偶然，而是一种必然。成功的舞台需要我们每个人去演出，但是关键是我们要找对自己的舞台，这样，我们的演出才会精彩，而我们的吸引力才会被观众所接受。找到适合自己发展的一条道路，你就是强者，经过一段时间的奋斗与发展，你就会成为一名成功者，而你的欲望也会因此成为现实。

> **吸引力法则**
>
> 　　有些人失败了总是会埋怨,我已经足够努力了,已经倾尽所有了,为什么现实这么残酷,让我一而再,再而三地失败?其实,成功不是梦,一味地努力是不可取的,关键是要走对路,找对方向,这样,成功的道路才会在你脚下展开。如果你对成功只是单相思,每天只是不管三七二十一地拼命工作,这样收到的成效是非常微小的。
>
> 　　吸引力需要新鲜思维的不断刺激,而独具慧眼就很好地满足了吸引力的这种需求。独具慧眼能让我们在平凡中看到闪光点,能让我们在失望中看到希望,在迷茫中看清方向。成功其实并不遥远,只要我们善于在生活中发现,成功就会源源不断地到来了。

07　在逆境中激发斗志,让欲望开花结果

　　如果我们去关注一下就会发现,人生中经历逆境和顺境的次数是相差无几的,这就说明,我们每个人的成功机会是相同的。我们如果把逆境当作对我们努力的否定,这样就错了。其实,每一次逆境都孕育着机会,而这种机会隐藏的潜能是非常巨大的,只有拥有大智慧的人才能发现隐藏在逆境深处的机会,燃起斗志,进而不断向成功迈进。

　　逆境不是我们人生的终点,我们的人生不可能因为一次两次的逆境而突然结束。其实,逆境是一个新的起点,它让我们知耻而后勇。在人生低谷的时候,可以仰望到天空的广阔,这是一个全新的境界。如果我们对逆境不能淡然处之,只会让逆境成为束缚,绑得我们喘不过气来。

吸引力旋涡：
遇见生命中的每个奇迹

很多人总是习惯说逆境多，顺境少，其实，二者的次数是差不多的，但是我们为什么会这么说呢？主要原因就是因为我们太看重逆境了，因为逆境让我们迷茫了，让我们裹足不前了，让我们畏首畏尾了。这是我们人生的伤疤。为什么我们总要频繁提起，还总是说人生苦短，岁月无情呢？其实，根本原因就是因为我们看到了逆境之外的东西，但是我们并没有深入挖掘，而逆境的价值也会因此被埋没了。

逆境对我们有一种向上的吸引力，中国人总是说置之死地而后生，其实就是这个意思。难道这不是逆境吗？其实，这些都是逆境，但是逆境的背后就是顺境，我们不也常常说否极泰来吗？逆境有着神奇的魔力，它可以成就一个人，也可以毁掉一个人。而其中的关键就在于我们的内心，我们的眼光。只要我们看出逆境是有吸引力的，它能吸引我们的思维，越过逆境的阴霾，找到成功的方向。

烈火试真金，逆境试强者。没有一劳永逸的事情，只有不断奋斗的人生。相比于人生的漫长，短暂的逆境不是显得微不足道吗？如果我们把逆境看淡一些，多去分析它、解决它，等到我们走出逆境的时候，才会恍然大悟，原来我们害怕的不是逆境，而是我们脆弱的内心。

逆境是吸引力的分界点，如果我们燃起斗志，逆境就会变成一种向上的吸引力，而欲望也会在逆境中开花结果；如果我们被逆境打败了，在逆境中真的灭顶了，那么，我们的吸引力也会因此灰飞烟灭。不要对逆境排斥，因为它是你的人生的转机，好好把握逆境，我们吸引力的凯歌才会在逆境中响起。

公元前494年，吴国打败越国，勾践被围困在会稽山上。一时间，无路可退，摆在他面前的只有两个选择：一个是投降，成为吴国的俘虏；另一个则是自刎以保留所谓的清白之身。

当时，大夫文种建议勾践投降，正所谓"留得青山在，不怕没柴烧"。并且让勾践去买通吴国的大臣伯嚭，让他到吴王面前游说，求得吴王夫差的手下留情。因为只要能够留得性命，就还有报仇的机会。

经过伯嚭的一番劝说，吴王夫差最终决定不灭越国，只是把勾践带到吴国当奴隶。

勾践在吴国的奴隶生活一过就是3年。为了取信夫差，在他病了的时候，勾践竟然为他尝粪便的味道，来判断病症的所在。夫差出去游玩的时候，勾践就像侍从一样帮他牵着马。经过勾践的不断努力，夫差终于认为勾践已经彻底被自己打怕了，再也没有了反抗的勇气，于是就把他放回了越国。

回到越国的勾践搭了一间草房，把蛇的苦胆悬在自己的床边，每天都要品尝苦胆，让自己记住在越国受过的苦难。不仅如此，勾践睡的床上也铺满了柴草，让自己永远记得所受的耻辱。

为了报仇雪恨，勾践亲身参与务农，和百姓同衣同食。很快，勾践就得到了越国百姓的爱戴。勾践让文种主管政事，让范蠡来主管军事。经过越国上下7年的努力，国力已经恢复到了战前的水平。

这时，勾践认为报仇的时机已经成熟，就想发兵攻打吴国。但出人意料的是，文种坚决反对，他认为现在起兵还为时尚早。文种说："现在越国的兵力还没有到可以和吴国相抗衡的地步。我们现在需要的就是等待机会，等待吴国和其他诸侯国发生战争，我们再坐收渔人之利。这才是上策。"

过了两年，吴王夫差想要发兵攻打齐国，却被伍子胥拒绝了。伍子胥说："我听说现在勾践和百姓同甘共苦。勾践不死，吴国就不会安宁！"

吴王夫差听完此话却是不以为然，认为勾践是自己的手下败将。所以，夫差依旧我行我素，发兵攻齐，并且大败了齐军。于是夫差更加骄傲自满了。伍子胥再次劝谏，夫差还是听不进去。

为了试探吴国的态度，勾践就派文种到吴国去借粮。伍子胥劝说夫差不要借粮，却遭到了回绝。万分焦急的伍子胥以死劝谏，没想到夫差竟然真的赐死了伍子胥。在临死的时候，伍子胥对自己的侍从说："等我死了之后，就把我的眼睛挖出来挂在城门上，我要亲眼看到越国军队攻进城来。"

吸引力旋涡：
遇见生命中的每个奇迹

又过了4年，吴国和楚国之间爆发了战争，范蠡认为机会来了，力主出战。于是，勾践率领军队突袭了吴国。两场大战，把吴国军队打得四下逃窜，溃不成军，一举消灭了吴国。

勾践之所以能够灭掉吴国，就在于他身处逆境之中能够隐忍，在失败之后不断坚持，并始终坚信自己可以洗雪当年兵败被擒的耻辱。

逆境是什么?逆境是对我们人生的考验，是成功的试金石。如果我们不能把握住自己，不能在逆境中挺过来，那么，我们就永远无法证明逆境能给我们带来价值。

成功是勇敢者的游戏，而逆境则是这场游戏中的最强音。人生没有失败者，只有不敢正视失败的人。逆境是什么，逆境只是我们成功路上的调味剂，只要我们坚持，逆境终将过去，而顺境也终将会到来。吸引力永远不会消退，只是因为我们在逆境中产生的不同心理而选择了暂时的潜藏，只要我们的斗志被激发出来，吸引力的光芒依然会光彩夺目，照亮我们前方奋进的道路。

吸引力法则

逆境不是我们人生的终点，我们的人生不可能因为一次两次的逆境而突然结束。其实，逆境是一个新的起点，它让我们知耻而后勇。在人生低谷的时候，可以仰望到天空的广阔，这是一个全新的境界。如果我们对逆境不能淡然处之，只会让逆境成为束缚，绑得我们喘不过气来。

逆境是吸引力的分界点，如果我们燃起斗志，逆境就会变成一种向上的吸引力，而欲望也会在逆境中开花结果;如果我们被逆境打败了，在逆境中真的灭顶了，那么，我们的吸引力也会因此灰飞烟灭。不要对逆境排斥，因为它是你的人生的转机，好好把握逆境，我们吸引力的凯歌才会在逆境中响起。

08　想开一点，吸引力的磁场就会更强

人生不如意事十之八九。婴儿的时候，我们会为自己得不到的心爱玩具而哭泣；再大一些，我们会因为学走路跌倒而哭泣；上学的时候，我们会为自己糟糕的学习成绩而悲伤不已；学业有成的时候，我们会为找不到一份满意的工作而愤慨……苦难是一所大学，它需要我们时时学习，这样，我们才会拥有闲适的心灵。

面对不如意的事情，我们最应该做的就是想开一点，因为我们的人生很漫长，开心是一天，不开心也是一天。如果我们总是拘泥于不如意的事，我们的好心情就会一落千丈，对生活和工作就再也提不起半点兴趣了。吸引力总是喜欢乐观的人，因为这些人不惧苦难，他们面对苦难的时候，谈笑自若，开朗无邪，这样的人有着独特的人格魅力，而正是这种乐观的心态，让他们吸引力的磁场变得更加强大。

有位哲人曾经说过："我们的思想能令天堂变地狱，地狱变天堂。"我们怎么去想，我们身边的世界就会怎么变。有些人总是为了一些没必要的事情而郁郁寡欢，这些本来就是芝麻绿豆点的小事，但是因为我们总是刻意地去想，小事也都变成了大事。如果我们总是这么想，我们的潜意识里将都是负面情绪，这样的话，我们的吸引力就会荡然无存了。

看开一些，我们才会发现生活中的美好。没有翻不过去的高山，也没有跨不过去的大河，我们在脆弱的时候应该学会坚强，在苦难的时候应该想到美好，这样，我们的吸引力才会变得更加强烈。遇事想得开，我们才能逢凶化吉，我们应该向前看，不应该总拘泥于过去，过去已经成为了历史，无法再改

吸引力旋涡：
遇见生命中的每个奇迹

变了，就算我们想得再多，也无法改变既定事实。只要我们心中有希望，我们就能找到生命中的美好。

俄国著名诗人普希金曾说："一切都是瞬息，一切都会过去。而那过去了的，却会变成亲切的回忆。"是的，"一切都会过去"，我们要做的就是多去转换角度，去想一些美好的事情，这样，我们的人生才会被吸引，才会变得美好。

淡泊以明志，宁静以致远。不要去追求不切实际的梦想，它只会破坏你的好心情；也不要总是惦记一些鸡毛蒜皮的小事，因为这些事不过是人生路上的点缀。既然想要成功，就要不断去追寻，哪怕成功的路上袭来了寒风冷雨，我们也要义无反顾地去追寻。

想得开与否主要在于我们自身，木已成舟，已经无法挽回的事情，多想也是无益，与其如此，不如去做一些有意义的事情，这样，我们悲伤的情绪才会终止，而未来的希望才会变得更加清晰。如果我们想不开，更应该从自身找原因，是因为我们太钻牛角尖了而想不开，还是因为我们的行动与自己的思想相悖了而想不开？找到问题的根源，我们才能卸下重担，我们的生活才会变得美好。

战国时期，群雄逐鹿。正当秦赵两国势成水火的时候，蔺相如在渑池之会上立了大功，化解了秦国蚕食赵国的危机，赵惠文王非常高兴，一回国就拜他为上卿。

廉颇得知此事后非常生气，私下对自己的手下说："我是赵国大将，为赵国南征北战，立下了汗马功劳。而蔺相如只会说嘴，哪还有什么功劳？竟然成了上卿，比我官还大。等到我见到他，一定要好好羞辱他。"

蔺相如听闻此事后，就装病不去上朝了。但是冤家路窄，有一次，蔺相如带领自己的门客准备出去，看见廉颇的车马迎面而来。蔺相如马上下令让自己的车队退在一旁，请廉颇先过去。

蔺相如的手下非常生气，认为蔺相如胆小怕事。蔺相如反问他们道："廉颇和秦王比，谁的势力更大？"

众手下不假思索地回答道:"当然是秦王势力大了。"

蔺相如说:"你们说的没错。全天下的诸侯都怕秦王,但是我不怕他。我既然敢当面指责秦王,又怎么会害怕廉颇将军呢?你们也许不知,秦国之所以不敢来侵犯赵国,就是因为我和廉颇将军两个人同时存在。如果我们两个失和,被秦国知道了,他们就会派兵来攻打我们。为了国家,我也不能得罪廉颇将军。"

这段话传到了廉颇的耳朵里。廉颇听到后非常惭愧。他是个直性子的人,知道自己做错了,干脆裸着上身,背着荆条,来找蔺相如请罪。

蔺相如赶忙扶起跪在地上的老将廉颇说:"我们两个人都是赵国的大臣,食君之禄,担君之忧,我已经非常高兴了,您怎么能来向我赔礼呢?"

自此之后,廉颇和蔺相如成为了知心朋友,全心全意地辅佐赵王。

蔺相如从大局着想,对廉颇的讽刺只是一笑置之,这是多大的胸襟啊!而蔺相如也因为自己的果敢与宽容,为后世人所敬仰。

万事多想开一点,人生才会变得美好。越在意,越会让自己走进死胡同。开心是一天,悲伤也是一天,为什么我们不能快乐地度过每一天呢?

人生就要拿得起,放得下,这样的人生才会有吸引力。太在意的人生,反而是狭隘的人生。你的心有多大,你的人生才会有多大。吸引力的强弱和心情有着必然联系,如果我们想要自己吸引力的磁场更强大,就应该想开一些,这样,我们的人生才会变得豁达、潇洒!

吸引力旋涡：
遇见生命中的每个奇迹

吸引力法则

人生不如意事十之八九。婴儿的时候，我们会为自己得不到的心爱玩具而哭泣；再大一些，我们会因为学走路跌倒而哭泣；上学的时候，我们会为自己糟糕的学习成绩而悲伤不已；学业有成的时候，我们会为找不到一份满意的工作而愤慨……苦难是一所大学，它需要我们时时学习，这样，我们才会拥有闲适的心灵。

人生就要拿得起，放得下，这样的人生才会有吸引力。太在意的人生，反而是狭隘的人生。你的心有多大，你的人生才会有多大。吸引力的强弱和心情有着必然联系，如果我们想要自己吸引力的磁场更强大，就应该想开一些，这样，我们的人生才会变得豁达、潇洒！

第七章
坚定成功的信念,生活处处是惊喜

　　自信人生二百年,会当水击三千里。没有自信的人生是可怕的,因为你永远不知道成功的方向,就像没头苍蝇一样,每天只是乱飞乱撞,永远不知道哪里才是你的人生归宿。

　　有成功的思想还不够,有成功的方向也不够,如果我们想要成功,最需要的就是非凡的自信。只有拥有自信的人才会产生对成功的渴望,而正是这种渴望会为我们带来吸引力,而吸引力则会吸引成功的到来。

01 相信你是天生的赢家

中国有句深入人心的话:"有志者事竟成。"为什么有志向的人会取得成功?因为他们拥有自信。他们在最开始的时候就把自己定位为成功者,在做一件事之前,就已经无数次在心中告诉自己:我一定能成功!我一定能行!正是被这样一种自信心所激励,他们才会走向成功。

自信有着强烈的感染力,而这种感染力是持续不断的,它可以极大地影响我们的潜意识,让积极的潜意识指引我们,不断向着成功迈进。没有不能成功的人,只有不敢想、不敢做的人。敢想敢做需要什么?答案就是自信。

有些人之所以会失败,是因为他们想到的永远是自己的缺点,总是不断提及自己的缺点,于是,在吸引力的作用下,缺点被不断地无限放大了,以至于开始自我怀疑,甚至自我否定。为这样的心理所左右,可能会从希望成功变为对成功绝望,最终无法实现人生的价值。机会永远留给有准备的人,但是我们不要忘了,把握住机会之后还要去奋斗,而奋斗的精神源泉,恰恰就来自于我们坚定的自信。

信念是人生的太阳,如果你认为自己行,那么你真的就行。信念会永远在我们心中燃烧,信念的脚步永远不会停歇,就算我们遭遇到非常巨大的困难,只要我们还能燃起斗志,继续鼓起勇气,朝着梦想的彼岸不断前行,黑暗就会退去,黎明的光亮也终将会到来。

信念是人生的基石,如果我们心中没有信念,就会让自己走向深渊。信念是我们心中的巨人,没有信念就根本无法唤醒我们内心的巨人。只有拥有非凡的自信,我们才能铺好人生的基石,我们才能唤醒心中的巨人;只有拥有非凡的自信,我们才能向着成功的方向,永不停息地迈进。

古今中外有很多关于自信的例子,通过这些实例,我们可以更充分、更深刻地理解自信带给我们的能动作用。

美国哈佛大学的亨利·毕其尔博士曾经做过一个非常有趣的实验:他把100名学生分成两组,每组50人。毕其尔博士给第一组的每个人分配了红色胶囊包的兴奋剂,给第二组的学生分配了蓝色胶囊包的镇静剂,并在服用之前告诉他们分配情况。但是事实上,红色胶囊包的是镇静剂,而蓝色胶囊包的才是兴奋剂。等到100名学生都吃完之后,奇迹出现了。认为自己吃了兴奋剂的第一组学生吃完之后,表现出非常兴奋的状态;认为自己吃了镇静剂的第二组学生吃完之后,表现出非常镇定的状态。由此可见,在不同的信念支配下,各自表现出的结果是完全不同的。信念的影响力竟是如此巨大!

中国唐代曾出了个名垂千古的"茶圣",他就是一生嗜茶、精于茶道的陆羽。

陆羽是个出生于乱世的弃儿,是竟陵城龙盖寺住持积公把他从湖边救起来,送给了一户姓李的人家抚养的。在孩提时代,陆羽在龙盖寺里读书识字,后来干脆在积公住持身边当了一个小沙弥。

陆羽不喜欢读诗文,却非常喜欢读书。他曾经读书读得入迷了而跟师父吵了起来,师父就罚他做最下等的事情,并且经常鞭打他。13岁的时候,陆羽受不了责罚,从龙盖寺跑了出来。为了谋生,陆羽藏在杂技班里,做最下等的工作。

这时候,陆羽的良师出现了,这个人就是李齐物。李齐物发现陆羽非常喜欢学习,而且非常聪明,就亲自传授他知识,并且推荐他到当地非常有名的邹夫子门下学习。

陆羽非常喜欢茶道,嗜茶如命,而且非常节俭。在钻研茶艺的过程中,陆羽不仅学会了复杂的冲茶技巧,更学会了不少读书和做人的道理。他想把茶艺这门学问推广开来,写成一本《茶经》,使之发扬光大。

后来,李齐物升迁了,崔国辅来接任。崔国辅也是一位非常喜欢品茗的人,和陆羽一见如故,渐渐成了莫逆之交。崔国辅听说陆羽要写《茶经》,非常支持他,把自己最珍爱的白驴等物送给了他。

吸引力旋涡：
遇见生命中的每个奇迹

21岁的陆羽开始了在神州各地游历的生涯。寒来暑往，年复一年，陆羽走遍了祖国的大好河山，走访了各种种茶的地方，了解了各种茶的种植、烹炒、冲泡等工艺，把自己路上的见闻全部记了下来。

经过26年的努力，综合32个州县的信息，在陆羽47岁时，终于完成了《茶经》这部巨著。《茶经》刊印后，茶道大行天下，饮茶之风日盛。《茶经》一书为历代人所喜爱，盛赞陆羽为茶业所做的开创之功。

信念是一个人的精神支柱，它可以不断产生吸引力，让一个人在源源不断的吸引力面前继续坚持，最终到达成功的彼岸。心理学上有一个名词叫"无用意识"，它是指一个人在某方面失败多次后，自信就会消失，开始自暴自弃，认为自己是一个无用的人，再也不敢做任何其他的事情了。

人生的每一步路都不是既定的，这就要求我们面对人生苦难的时候，保持清醒的头脑，激发出我们埋藏在心底的信念。不管我们在做什么样的工作，我们都要保持自信，这样，我们的人生才会有动力，并且这种动力才会成为我们人生取得成功的最强推动力。

吸引力法则

中国有句深入人心的话："有志者事竟成。"为什么有志向的人会取得成功？因为他们拥有自信。他们在最开始的时候就把自己定位为成功者，在做一件事之前，就已经无数次在心中告诉自己：我一定能成功！我一定能行！正是被这样一种自信心所激励，他们才会走向成功。

信念是人生的基石，如果我们心中没有信念，就会让自己走向深渊。信念是我们心中的巨人，没有信念就无法唤醒我们内心的巨人。只有拥有非凡的自信，我们才能铺好人生的基石，我们才能唤醒心中的巨人；只有拥有非凡的自信，我们才能向着成功的方向，永不停息地迈进。

02　自信的态度决定人生的高度

所谓"态度决定高度"这不是一句空谈，它意味着人生必须经历漫长的洗礼。人生路很长，每一天都是一个新的开始，我们无法拓展人生的长度，却能拓展人生的宽度。我们之所以能够永葆激情，最根本的原因就是我们有人生目标，并且我们有为实现人生目标而奋斗的激情。

人只有站得高，才能看得远；看得远，才能走得远。人生的成就大小，关键在于你对人生的态度。如果我们总是会被一些小惊喜冲昏头脑，那么，我们的人生将会变得没有意义。鼠目寸光的人是取得不了多大成就的。我们更应该把目光放得更长远一些，不要被眼前的利益所蒙蔽，未来是光明的，而光明的地方才是我们要不断追寻的目标。

自信的态度来源于自我认知。当我们春风得意的时候，我们可能会飘飘然，看不到自己的缺点，这时更需要我们保持清醒的头脑，全方位地审视自己，这样，我们才能扬长避短，让自己的缺点消散于无形；当我们处于逆境的时候，我们要及时调整自己，把目光放得更长远一些，激励自己在逆境中生存，这样，我们才不会偏离成功的轨道。

自信的态度来自于我们处理事情的经验。面对挫折和失败的时候，我们不仅要有克服它们的勇气，更要从中学到经验，把这次苦难当作成功路上的催化剂。现实中我们每个人都不愿意遇到挫折，但是其实挫折是人生修养的宝贵一课。挫折可以磨炼我们的意志，更可以提高我们的抗压意识，越是在困难的时候，越需要我们保持自信，因为自信的吸引力能够帮助我们渡过危难，越是自信，危难就越怕我们，只有这样，成功才能离我们越来越近。

吸引力旋涡：
遇见生命中的每个奇迹

在成功者的眼中，失败不单单是一次打击，更是丰富阅历、积累经验的机会。如果我们有一件事情不能做好，不是因为我们能力不够，而是因为我们在思想态度上还没有达到那个高度。相比之下，那些非常不自信的人，他们在做事之前总是觉得自己不行，本来他们能完成的事情，但是由于自己缺乏自信，导致事情失败。

执著于成功的人，他们总是拥有超强的自信态度。他们在别人犹豫不决的时候，就已经踌躇满志地开始采取行动了，这样的态度促使他们达到了常人难以企及的高度。成功者成功之后，根本没有时间去享受成功的喜悦，他们知道成功只是暂时的，只有保持清醒，成功才不会从自己手中溜走。正是这种不以物喜，不以己悲的人生态度，让他们收获了一个又一个成功。

在20世纪20年代之前，国际地理和地质学界流传着这样一种说法，他们认为中国没有第四纪冰川。而我国著名的地质学家李四光认为，外国科学家没有来到中国做过这方面的实地考察，怎么可能直接说中国没有第四纪冰川呢？非常自信的李四光坚持自己的观点：中国这么大的地方，肯定有第四纪冰川。

1921年，李四光来到河北太行山东麓进行考察，接着又到庐山、黄山等地考察。经过十余年的调查，李四光终于证实：在中国确实有第四纪冰川存在！为此，李四光撰写了论文，论文指出在华北和长江流域确实有第四纪冰川存在。

1939年，李四光这篇关于冰川的论文发表在世界地质学会上，论文所阐释的大量事实表明，中国确实有第四纪冰川的遗迹。李四光的这篇论文，对世界地质学和地理学都是一个很大的贡献。

20世纪初期，美国的美孚石油公司来到中国西部，准备打井找石油，但是却没有发现一滴石油。于是就有一大批学者认为，中国的地下根本就没有石油。

李四光听到这个消息后非常愤怒，他不信石油只在西方的土地上，他坚信自己一定能在中国土地上找到石油。于是，在接下来的30多年时间里，李四光坚定地迈着脚步去寻找石油。

在艰苦的石油勘探生涯中，李四光利用地质沉降理论，相继发现了大港油田、华北油田、大庆油田等几处大储量油田。经过数十年的亲身实践和理论探索，李四光断言：中国的西北部还有石油！现如今，在新疆开发的新疆大油田，有力地验证了李四光当年的预测。

任何一件事情，只要自己亲身经历过，所得到的结果就会让人印象深刻。依托于客观现实，再加上自己主观上的认知，自信就是在这两种条件下应运而生的。不管我们选择了什么，将要去做什么，我们都要相信自己，只有这样，我们才能取得成功。未战先怯的心理，只会让我们到手的机会溜掉。

人生没有永远的失败，不要为了一时的失败而迷失方向。我们要坚信，希望与不幸是一对孪生子，只要我们心存自信，希望的曙光就终将会到来。我们每个人为什么会从呱呱坠地开始执著地走下去，走到人生穷尽，最根本的原因就是因为我们相信人生的美好。我们相信美好，所以我们才去追求希望。只有勇敢去追求，我们的吸引力才会展现出来，使我们离人生的新高度越来越近。

吸引力法则

所谓"态度决定高度"这不是一句空谈，它意味着人生必须经历漫长的洗礼。人生路很长，每一天都是一个新的开始，我们无法拓展人生的长度，却能拓展人生的宽度。我们之所以能够永葆激情，最根本的原因就是因为我们有人生目标，并且我们有为实现人生目标而奋斗的激情。

执著于成功的人，他们总是拥有超强的自信态度。他们在别人犹豫不决的时候，就已经踌躇满志地开始采取行动了，这样的态度促使他们达到了常人难以企及的高度。成功者成功之后，根本没有时间去享受成功的喜悦，他们知道成功只是暂时的，只有保持清醒，成功才不会从自己手中溜走。正是这种不以物喜，不以己悲的人生态度，让他们收获了一个又一个成功。

03　成功之路是信念与行动之路

西方有句谚语说:"成功者都是咬紧牙关让死神害怕的人。"我们如果想要成功,就应该咬紧牙关,坚定信念,如果死神看见了,他们也会觉得害怕。我们除了相信自己,坚定走下去,还能做些什么呢?

我们常说,父母是孩子最好的老师,研究发现,一个有信念并且坚定执著的母亲,她的孩子长大之后都会成才。这就表明,母亲自信产生的吸引力已经熏陶到了她的孩子,使她的孩子在这种熏陶下不断成长。

信念是走向成功的内因,别人认为我们行,我们不一定行;我们自己认为行,我们就一定行。成功就像大海,而我们每个人就像是一条条蜿蜒流淌的小河,我们每个人的这条小河只有靠信念支撑,才能坚持走下去,百川到海,实现自己的人生价值。如果我们没有信念的支撑,小河依旧是小河,永远无法奔流入海,永远无法证明自己的人生价值。

实现成功的第一步是行动,如果我们每天只停留在幻想上,那么,我们和成功的距离就会越来越远。逆水行舟,不进则退。我们要做的就是不断前进,而不是停步不前,更不是不断退步。我们要做的就是鼓起勇气,保持好信念,坚定成功的道路不动摇,这样,成功才不会离我们远去。

有些人做完事之后,总是会说:"我已经尽力了,但是我还是失败了。"你真的尽力了吗?你的信念一直都在支撑着你前进吗?你有没有把你的后路堵死?你是否有一种破釜沉舟的气势?闪亮的人生需要信念,成功的道路更需要信念,没有信念的人生是苍白无力的,只有拥有信念,我们的人生才会才会变得精彩,才会变得出色。

元朝时,浙江诸暨县有个叫王冕的人,他非常喜欢学习,有时候为了学习和作画,竟然能忘记了时间。

因为家里非常贫困,王冕7岁的时候就去野外放牛。但是,一心痴迷于读书的他怎么会喜欢放牛呢?于是,王冕就在放牛时偷偷地跑去学堂偷听老师讲课,一边学,一边用心记住。等到王冕回来的时候,才发现邻居把他的牛牵走了。

原来,王冕的牛因为没人看管踩了邻居家的田地。王冕父亲非常生气,当即责打王冕。但是,依旧喜欢学习的王冕无法遏制自己的求知欲,还是每天跑去偷听老师讲课,牛自然还会踩到邻居的地。

王冕的母亲被儿子的坚持感动了,就对丈夫说:"既然孩子这么喜欢读书,我们就让他去读书吧!别再让他放牛了!"父亲看到王冕这样喜欢学习,也就同意了。

从此以后,王冕离开家,在村里的寺庙住了下来,每天坚持读书。当时,王冕的年纪还非常小,寺庙里的佛像面目狰狞,看上去非常吓人,但他却因为读书入了迷,对这一切毫不在意。

后来,安阳的韩性听说王冕如此专心学习,就收他为学生。经过自己的努力,王冕最终成为了当时非常有名的学问家。

"坚持就是胜利"不是只停留在口头上的一句话,它强调的是身体力行地坚定地去做。我们都希望看到成功,但是我们往往还没有走到终点就倒下了。凡事应该善始善终。既然开始了人生旅程,就要坚持走下去,要不然,我们当初为什么要出发?

德国心理学家马尔比·马布科克说:"最常见同时也是代价最高昂的一个错误,是认为成功有赖于某种天才,某种魔力,某些我们不具备的东西。"其实,成功掌握在我们每个人手中,而成功就是在自信吸引力影响下才实现的。我们成功与否,和别人的见解与看法没有多大关系。成功是我们自己选择的人生方向,既然想要取得成功,我们就注定要风雨兼程,没有谁一帆风顺就能取得成功。

成功来源于吸引，而吸引依靠我们百折不挠的信念。我们总是希望自己取得成功，赢得鲜花和掌声。越是希望，我们就越应该有实际行动，这样，自信的吸引力才会扎根于我们心底，我们才会在它的指引下取得成功。

> **吸引力法则**
>
> 西方有句谚语："成功者都是咬紧牙关让死神害怕的人。"我们如果想要成功，就应该咬紧牙关，坚定信念，如果死神看见了，他们也会觉得害怕。我们除了相信自己，坚定走下去，还能做些什么呢？
>
> 成功来源于吸引，而吸引依靠我们百折不挠的信念。我们总是希望自己取得成功，赢得鲜花和掌声。越是希望，我们就越应该有实际行动，这样，自信的吸引力才会扎根于我们心底，我们才会在它的指引下取得成功。

04 有信念，我们才不会害怕失败

成功的人生历来需要坚定的信念相伴。我们每个人都有自己的人生目标，也都有自己的做人原则。我们可以把一生想要做的事情罗列出来，尽管这些目标很难全部实现，但它或许可以帮助我们在两难的时候做出选择。人活一生，总要闯出一番属于自己的事业，实现自己的人生价值，不然，我们是否会觉得自己的人生索然无味！

人生能有几回搏，此时不搏何时搏？如果我们想要成功，就不要害怕失败，因为我们心中有信念，这就是我们不畏艰险的资本。我们要告诉自己，我们努力奋斗过了，就算失败了也会觉得无悔。相比于那些畏首畏尾的人，我们已经做得足够好了，至少我们去努力了，没有让我们的希望白白落空。

我记得朋友跟我讲过一个很有哲理的故事：

一个男孩站在心仪已久的女孩家门前，犹豫不决，不知道自己是否应该进去表白爱慕之情。这时，走过来一名长者，长者问他在做什么。他如实说了。长者很是奇怪，就问他，你怕什么？男孩说，我怕失败。长者问，你现在在哪里？男孩说，我在这里。长者又问，你表白之后在哪里？男孩说，还在这里。男孩恍然大悟。

对啊，失败后，我们还是会回到原来的那个地方，我们还用怕什么呢？我们最应该做的就是抛弃杂念，勇往直前，沿着成功的方向不断追求。这样我们的吸引力才会展现出来，失败就会惧怕我们信念的力量，进而选择远离。因为失败的逃离，成功就会露出头来，而我们的梦想也就会在这一刻实现了。

对自己的不满足才会促使我们去挑战，信念是欲望最好的催化剂。有人总是会问，为什么我没有吸引力？难道你不觉得你的欲望还不够强烈吗？你不觉得信念筑起的堡垒还不够结实吗？成功者的信念是坚定异常的，有着摧枯拉朽的气势，他们知道自己需要什么，知道既然需要就要用生命去争取的道理。对了这样的人生，我们才可以说，没有虚度。

意大利人伦霍尔德·米什尼成功地登上了"世界屋脊"珠穆朗玛峰后，有记者采访了他，米什尼欣然接受了采访。

记者问道："登山运动员称8000米为死亡高度，在没有氧气瓶的情况下，你怎么能在死亡高度上活下来，并且爬上峰顶呢？"

米什尼笑笑说："我的心肺功能和正常人的差不多，我做过检测，医生可以证明这一点。我之所以能够征服珠穆朗玛峰，是因为我认为8000米不是死亡高度，所以，我每向上爬一步就会停下来呼吸20次，这样，我身体中的氧气才会补充完整，然后，我才会继续向峰顶前进。虽然我没有超人的体魄，但是我却拥有聪明的头脑。"

吸引力旋涡：
遇见生命中的每个奇迹

记者说："米什尼先生，每一位登上世界高峰的人都会带一面自己国家的国旗，为什么你没有带意大利国旗，而是带一方手帕，难道这方手帕比国旗更有意义吗？"

米什尼说："这方手帕不是谁送的，而是我随意从一家商店买来的。这方手帕非常普通，就像我一样。其实，我登上了珠穆朗玛峰峰顶也是一件很普通的事情。我没有带意大利国旗，是因为我要告诉世界上的每一位登山爱好者，能够登上珠穆朗玛峰的不仅仅是意大利人，其实，你们也可以。"

登山莫畏难，风光在险峰。其实，别人能做到的事情，我们也可以。不要总是把成功者标榜到遥不可及的位置，因为我们也正在成功的路上行走。只要我们心中燃起奋斗的热情，我们的人生就会如同绚丽绽放的花朵一样美丽，而我们心中的信念也会激发出我们的吸引力，让我们在奋斗的路上奋勇向前。

美国女诗人艾米莉·狄金森说："从未成功者，方知成功甜。"如果我们没有在成功的路上坚持，半途而废了，等到事后，我们才会追悔莫及。人生最重要的事情就是我们一直在奋斗的路上，从未停歇过。

拥有超凡的信念会让我们看到人生的曙光，我们要做的就是在信念的基础上确定一个又一个属于自己的目标。人生的伟大在于奋斗，在于实现自我的价值，而我们要做的就是不断坚持。这样，吸引力的阳光才会照拂在我们身上，为我们照亮前行的道路。

> **吸引力法则**
>
> 　　人生能有几回搏,此时不搏何时搏?如果我们想要成功,就不要害怕失败,因为我们心中有信念,这就是我们不畏艰险的资本。我们要告诉自己,我们努力奋斗过了,就算失败了也会觉得无悔。相比于那些畏首畏尾的人,我们已经做得足够好了,至少我们去努力了,没有让我们的希望白白落空。
>
> 　　拥有超凡的信念会让我们看到人生的曙光,我们要做的就是在信念的基础上确定一个又一个属于自己的目标。人生的伟大在于奋斗,在于实现自我的价值,而我们要做的就是不断坚持。这样,吸引力的阳光才会照拂在我们身上,为我们照亮前行的道路。

05 信念就是阳光,温暖我们心灵

　　阳光是世间万物的缔造者,是世间万物生生不息的资源保障。阳光如同人的信念,如果没有阳光,整个世界将会变得一片黑暗;如果我们心中没有信念,我们的心灵将会暗礁重重。想要通过重重险阻,拿到成功的通行证,就需要我们全心全意去奋斗。也许你的人生会遭遇黑暗,你要坚信那只是暂时的,坚信乌云无法永远遮住太阳的光亮,那样你的世界将会立刻出现明媚的阳光,帮你驱除黑暗,帮你走向成功。

　　如果我们心中没有信念,就像世界没有阳光一样,是非常可怕的。我们心中有阳光,才能让信念照亮前程,做我们自己想做的事。我们看一看中国

吸引力旋涡：
遇见生命中的每个奇迹

平凡人做的不平凡的事，如孔繁森和焦裕禄，他们都是强忍病魔的苦痛，坚持到恶劣环境中工作，最后，服务了人民，却病倒了自己；再如吴天祥，他十年如一日在平凡岗位上默默奉献着……是什么样的力量让他们如此坚持，是功名利禄吗？当然不是。其实，他们没有对名利的追求，他们有的只是心中的信念，他们要做人民的好公仆，要全心全意为人民服务！

如果没有信念，伟人也会成为凡人；如果有信念，凡人也会变成伟人。信念可以磨炼我们的意志，让我们拥有直面逆境的勇气。未来相当遥远，灾难无法预期，越是如此，我们越要锻炼自己阳光般的信念。

树立坚定的信念是创造奇迹的开始，我们要让理想早日实现，就要早早地在心里种上阳光般的信念火种。阳光可以点燃信念之火，如果我们想要追求成功，就应该让阳光在我们的心间绽放，让信念在阳光的照耀下散发热量，使我们变得更有生命力。

信念是阳光，它让我们无惧灾祸。如果说世间万物没有任何生物能够脱离阳光而存在，那么，我们的信念也是从生到死一直存在的。未来虽然遥远，但是我们要知道，未来的遥远不会超过信念的阳光，只要我们坚持，阳光就会溢满我们心田。

1955年，刚刚年满18岁的滑雪运动员吉尔·金蒙特，已经是美国最有名气的年轻女滑雪运动员了，她的照片被《体育画报》用作了封面，但是，金蒙特知道，自己的目标是冬奥会金牌。

然而，美丽的希望刚刚开始，在1955年1月冬奥会预选赛的最后一轮比赛中，却出现了非常意外的情况。当时，金蒙特沿着罗斯特利山坡进行比赛，由于当天的雪道特别滑，滑行没多久，金蒙特身子就倾斜了，失去了控制。她想要再次掌握平衡，但为时已晚，金蒙特失去控制，从山坡上飞速翻滚下来。由于在翻滚过程中的连续撞击，摔跌到山坡下的金蒙特已经昏迷不醒了。

金蒙特马上被送到了医院抢救，虽然保住了性命，但是医生告诉她，她肩部以下已经完全瘫痪，再也无法走路了。

金蒙特的金牌梦想彻底破灭了，但是她没有失去信心。在事故发生后的几年时间里，金蒙特天天和医院、轮椅打交道。但就是在这样的状况下，金蒙特仍然在不断奋斗，她相信，自己完全可以在一个全新领域实现自己的梦想：她想要依靠自己的力量，帮助更多的人完成未竟的梦想。

说到不如做到，金蒙特开始凭借内心的信念学习打字、控制轮椅，以及生活自理等，不仅如此，她还去加州大学洛杉矶分校学习，希望今后能够成为一名教师。但是，金蒙特的愿望总是会遭到别人无情地拒绝，因为她连上下楼梯的行动能力都没有。

功夫不负有心人。经过不断努力之后，金蒙特终于在1963年被华盛顿大学教育学院聘用，成为了一名教师。在教学过程中，金蒙特独特的教育方法深受学生们欢迎，也获得了校方的肯定，并且获得了教授阅读课的聘任书。

由于金蒙特父亲的去世，金蒙特全家不得不搬到加利福尼亚州。她决定从头再来，继续申请教师职位。金蒙特的教师申请受到了绝大多数学校的欢迎，有的学校为了能让金蒙特上下课更方便，就对一些坡道进行了改造，方便她的轮椅出行。另外，学校还取消了教师必须站着授课的规定。

虽然金蒙特没有获得过奥运会金牌，但是她仍然凭借自己坚定的信念，向着有阳光的地方不断奋进，最后，取得了正常人都难以想象的成功。

美国哲学家爱默生说："人的一生正如他一天中所设想的那样，你怎样想象、怎样期待，就拥有怎样的人生。"有阳光的地方，就有不断奔跑、不断追逐梦想的人。我们需要阳光，需要信念，更应该勇敢追寻梦想，这样，我们的人生才会变得美好。

不管人生是短暂还是漫长，只要我们用心去感悟，用心去体会，我们就会发现人世间的美好。吸引力需要的就是我们美好心灵的滋润，阳光般的信念就是吸引力最好的养料。成功其实就在我们身边，只要我们拥有阳光般的信念，就会找到能让吸引力持续的力量，而我们的人生也会因为阳光的存在而变得温暖。

> **吸引力法则**
>
> 阳光是世间万物的缔造者，是世间万物生生不息的资源保障。阳光如同人的信念，如果没有阳光，整个世界将会变得一片黑暗；如果我们心中没有信念，我们的心灵将会暗礁重重。想要通过重重险阻，拿到成功的通行证，就需要我们全心全意去奋斗。也许你的人生会遭遇黑暗，你要坚信那只是暂时的，坚信乌云无法永远遮住太阳的光亮，那样你的世界将会立刻出现明媚的阳光，帮你驱除黑暗，帮你走向成功。
>
> 不管人生是短暂还是漫长，只要我们用心去感悟，用心去体会，我们就会发现人世间的美好。吸引力需要的就是我们美好心灵的滋润，阳光般的信念就是吸引力最好的养料。成功其实就在我们身边，只要我们拥有阳光般的信念，就会找到能让吸引力持续的力量，而我们的人生也会因为阳光的存在而变得温暖。

06 热忱，让信念学会微笑

美国著名励志大师卡耐基曾经说过："一个人成功的因素有很多，但是排在这些因素榜首的就是热忱。"热忱是我们发自内心的呼唤，充满了强大的动力与激情，它可以让我们的吸引力充盈到我们全身上下。热忱又是我们人性光辉的一个具体体现，它可以让我们的精神特质发挥得更全面，更透彻。

成功者和失败者的身体素质其实差别并不大，主要的差别就在于我们内心的原动力。一个缺乏热忱的人是不可能取得成功的，他的信念也只会在心间停留短短的一瞬，随即消失，这样的人是不可能取得成功的；一个拥有热忱的人是最具成功可能的人，他一定具会有坚定的信念，并且会源源不断付出努力，为实现梦想而不断奋斗。

纽约中央铁路公司前总经理佛瑞德瑞克·魏廉生曾说："我愈老愈相信热忱是成功的秘诀。"热忱不是表面现象，而是发自于我们内心的情感，它能让信念永远保持炙热，它是让信念永不寒冷的决定性因素。

有的人制定出一个目标之后，却会没自信，产生怀疑，把这个目标白白浪费了。而热忱的人则会坚定信念完成这个目标，完成之后继续设定目标，继续完成，如此反复，于是能取得巨大的成功。

热忱可以让我们马不扬鞭自奋蹄，热忱本身就能催发出源源不断的吸引力，而正是这种源源不断的吸引力能吸引到我们的信念，而信念则会指引我们取得成功。有的人说，我以前做过，但是却失败了。但你真的做过吗？又是怎么做的？你保持热忱了吗？如果没有，失败也就成了一种必然。

热忱不是大喊大叫，不是过分张扬地将把自己的想法公之于世，而是要沉潜于心，在心里保持热忱的温度，让信念之花不致凋零。只有如此，我们的人生才会有意义，成功也会因为热忱而变得触手可及了。

奥地利作家斯蒂芬·茨威格年轻时，曾在巴黎拜访著名的雕塑家罗丹。当他走进罗丹的工作室时，看到里面有不少已完成的雕像，也有部分制作到一半的雕像，还有不少塑像的样品，有胳膊，有手或者仅仅是一个手指节。

罗丹穿上粗布工作服，带着茨威格在一个台架前停下，说："这是我近日来的作品。"说完，他揭开湿布。茨威格看到一座女正身像。

罗丹仔细端详着自己的作品，不久后便低声地说："肩膀上的线条太粗了，不好意思。"然后，他拿起刮刀轻轻刮着雕像上的黏土，以便使肌肉显现一种更柔美

吸引力旋涡：
遇见生命中的每个奇迹

的光泽。"这里也不太好……"他又修改了一下。然后，他把台架转过来，专注地继续修正作品。

由于罗丹专注于工作，他的眼睛里流露出喜悦和满意，没过多久，他又紧锁眉头——正因为罗丹陶醉其中，在他的脸上才会显现出各种情绪的变化。他捏好小块的黏土，黏上，又刮开一些。就这样，几个小时过去了，期间他没有对茨威格说过一句话。最后，罗丹一声舒缓地呼出一口气，扔下刮刀，轻轻地盖上了女正身像。他转身要离开的时候，看到了茨威格。他好像突然记起了什么："哦，天哪！真对不起，先生，我竟然把你忘记了，可是你知道……"

茨威格当然知道，罗丹是太投入了，他忘记了一切，他把所有的精力都放在工作上了。

茨威格回忆起这段故事的时候，说："我紧紧地握着他的手，为他的失礼而感激。我亲眼看到了一个人全然忘记时间、地点和世界地工作，再没有什么比这更令人感动的了。我终于知道，一切事业成功的奥秘就是在工作中倾注热忱和专心。一个人一定要能够把他自己完全沉浸在他的工作里，不管是大事还是小事，都应该集中精神，把易于驱散的意志贯注在这件事情中。"

热忱就是吸引力，茨威格就是被罗丹的热情感染，才没有去打扰他，他知道自己所欠缺的就是这样的热忱，这样执著的吸引力。

热忱是一种精神特质，它可以让我们兴奋，可以辐射我们身体的任何部位，这样的热忱不仅能鼓舞自己，更能鼓舞别人。

对自己多一些鼓励，我们内心的热忱就会多一分动力。想要成功，就要保持对成功的热忱；想要让吸引力持续不断地发光发热，就需要通过热忱不断催化。信念需要坚持，而热忱就是对信念坚持的最好催化剂。一个热忱的人，不管他是在干什么，他都能保持激情，让自己的信念永远萦绕心间，不会散去，正是持续不断的催化，让他走向成功。

热忱，可以让信念学会微笑，可以让吸引力变得持久。保持热忱，它可以让我们的生活变得精彩；保持热忱，它可以让我们的精神变得崇高；保持热忱，它可以让我们的未来变得光明！

> **吸引力法则**
>
> 美国著名励志大师卡耐基曾经说过："一个人成功的因素有很多，但是排在这些因素榜首的就是热忱。"热忱是我们发自内心的呼唤，充满了强大的动力与激情，它可以让我们的吸引力充盈到我们全身上下。热忱又是我们人性光辉的一个具体体现，它可以让我们的精神特质发挥得更全面，更透彻。
>
> 对自己多一些鼓励，我们内心的热忱就会多一分动力。想要成功，就要保持对成功的热忱；想要让吸引力持续不断地发光发热，就需要通过热忱不断催化。信念需要坚持，而热忱就是对信念坚持的最好催化剂。一个热忱的人，不管他是在干什么，他都能保持激情，让自己的信念永远萦绕心间，不会散去，正是持续不断的催化，让他走向成功。

07 在失败中坚定信念，吸引力才不会离你而去

为什么有些失败者失败之后总是自暴自弃，不相信自己，不相信未来？原因其实很简单，那就是因为你不是一个理性的失败者。理性的失败者需要有成功的信念，正因为如此，你才能重新获得吸引力，成功才会再次被你所吸引。

信念虽小，但是它却是我们成功路上的基石，如果我们没有信念，我们对于成功的渴望就会逐渐消散，我们本来聚集起来的潜能也会瞬间化为泡

吸引力旋涡：
遇见生命中的每个奇迹

影。当面临失败时，我们要清醒地认识到：失败已经发生了，马上就会成为历史了，想要挽回已然不可能了。不管我们以什么样的心态去面对，失败已经到来。在这时，我们要做的不是伤心哭泣，而是勇敢地从失败的阴影中站起来，这时，我们才能看到成功的曙光。

印度著名诗人泰戈尔说："错过了月亮，千万不要悲伤，因为下一秒，你有可能错过流星。"信念就是不断坚持再坚持，发挥出连绵不绝的吸引力力量。正因为有了信念力量的支撑，我们才不会被失败所击垮。失败只是我们人生路上的一次历练，我们要做的就是战胜它，继续向终点迈进。

信念是我们心底不断发出的怒吼，我们只有相信自己，别人才会受到你的感染，才会看重你。我们每一个人都是独一无二的，不要因一时的失败自乱阵脚。当信念深入内心的时候，我们就会感觉到自身的强大吸引力，而在这时，失败也会变得无足轻重了。

其实，人生中的每一步都是如此，我们随时随地都有可能失败，都有可能走向消极的极端。如果总是因为害怕而止步不前的话，人生将会处于静止消沉的状态，这样的人终将会被社会所淘汰，这样的人生终将是灰暗的人生。人世间最快乐的事情，莫过于为梦想而奋斗。我们不能因为一时的失败而对自己失去信心。我们只有相信世间的美好，把这种美好放到心底，等到有一天我们失败的时候，我们在认真检视中就会发现，原来失败也不过如此。

等到我们把失败看淡，把人生看穿，我们就会发现，不管是多大的失败都只是短暂的挫折，相比于人生的广阔，相比于宇宙的浩瀚无垠，失败显得是那么渺小。

格拉夫曼是美国著名的钢琴家，他从小就展现出了过人的音乐天赋。21岁的时候，他就获得了利文特里特音乐大奖。在获奖之后的30年中，格拉夫曼便一直在世界巡回演出，几乎每一演出都是爆满，这让他非常开心。他知道，自己的人生价值正在一步步实现。

然而，天有不测风云，1979年，格拉夫曼遭遇了人生最大的一次打击——他的右手严重受伤了。医生通知他说，他今后再也无法弹钢琴了。这个消息，对于痴迷音乐的格拉夫曼来说，简直就是晴天霹雳。面对这样的困境，格拉夫曼非常迷茫，不知道自己今后还能做些什么。

无所事事的格拉夫曼去了哥伦比亚大学进修，在他进修的过程中，他来到了中国，他希望新的生活能够刺激到他，希望在中国能够有一些让他感动的事情发生，以便让他重拾自信。在中国，格拉夫曼感受到了万象更新的新气象，使他对自身状况有了更为深刻的认识。

数年时间一晃而过，格拉夫曼再一次坐在了钢琴面前。在这几年时间里，他以惊人的毅力，专门练习用左手演奏作品。了解钢琴的人都知道，演奏钢琴通常都是右手弹旋律，左手弹和弦，如果用一只手表现两只手所能达到的丰富音色和美妙旋律，是非常困难的。这需要左手的五个手指互不干扰，有非常高的独立性，即左手拇指与食指弹奏旋律，中指和无名指伴奏，小指弹奏低音，左手在弹奏中必须掌握大跳的技巧。同时，为了弥补单手独奏的音色的不足，双脚还要交替踏中踏板和右踏板来延长低音时间。

就是这看似几乎没有可能的高难度动作，终于被没有右手来参与弹奏的格拉夫曼做到了。1985年，他与祖宾·梅塔及纽约爱乐乐团成功地演奏了北美近代协奏曲，演出获得了极大成功，格拉夫曼也因此获得了"左手传奇"的美誉。

2009年，81岁的格拉夫曼再次来到中国。在北京中山公园音乐堂，又一次续写了"左手传奇"的新篇章。那一天，格拉夫曼缓缓地走上舞台，给了观众一个优雅的鞠躬，然后用右手略微吃力地调整一下座椅，左手便开始流畅地在按键上跳跃。

整场音乐会，格拉夫曼几乎没有换过姿势，完全凭借着娴熟的技巧，完成了这次精彩的演出。演出结束后，会场的观众为这个坚强的男人响起了经久不息的掌声。

没有人怀疑格拉夫曼的自信，就像没有人怀疑他当时的失败一样。如果没有自信，格拉夫曼就会倒在失败的血泊中，无法爬起来，同样的，我们到现

吸引力旋涡：
遇见生命中的每个奇迹

在也不会知道有格拉夫曼这样一个人。正因为格拉夫曼有着超乎常人的顽强，让他战胜了苦难，完成了看似不可能完成的任务，赢得了所有人的赞赏与钦佩。

强大的吸引力能无休止地发出吸引力的磁场，而我们会被这种磁场所感染，重拾信心。成功总是倾向于执著的人，而那些失败之后就倒下的人，则必然会被成功所遗弃。我们要做的就是在失败过后面对现实，重拾信心，继续奋进，不要让一时的失败成为终点。

失败并不可怕，失败后爬不起来才是真正的可怕。如果我们不能做一个理性的失败者，就无法做一名真正的成功者。我们需要这种自信的吸引力，而这种自信的吸引力，也会带领我们不断取得新的成功。

吸引力法则

信念虽小，但是它却是我们成功路上的基石，如果我们没有信念，我们对于成功的渴望就会逐渐消散，我们本来聚集起来的潜能也会瞬间化为泡影。面临失败时，我们要清醒地认识到：失败已经发生了，马上就会成为历史了，想要挽回已然不可能了。不管我们以什么样的心态去面对，失败已经到来。在这时，我们要做的不是伤心哭泣，而是勇敢地从失败的阴影中站起来，这时，我们才能看到成功的曙光。

失败并不可怕，失败后爬不起来才是真正的可怕。如果我们不能做一个理性的失败者，就无法做一名真正的成功者。我们需要这种自信的吸引力，而这种自信的吸引力，也会带领我们不断取得新的成功。

08 信念是一种高贵的心灵

信念是一种高贵的心灵,如果没有信念,我们的人生就会像是一具空皮囊,没有丝毫生机与活力。信念像一棵大树,生长在我们每个人的心里,经过我们心灵的不断灌溉,信念之树枝繁叶茂,为我们带来新鲜氧气。

现代人生活节奏快,每天都在忙忙碌碌,压力与日俱增,如何能够调整好自己,放松自己的心情,就成了一个几乎所有人都十分关注的问题。调整心态,为心灵减压的关键,就在于树立高贵的信念。高贵的信念具有特殊的魅力,它能够让我们内心充满希望,让快乐美好溢满我们的心田,让我们在斡旋艰难时从容不迫。

信念能为我们带来吸引力,如果我们每天告诉自己"我们很快乐"、"我相信自己",那么,我们就会感受到信念的吸引力,而信念的吸引力也会让我们每天过得更快乐。如果生活不如意,我们就要学会调节。生活不给我们希望,我们就要学会自己给自己希望,给自己期许一世的温暖,让我们的人生继续充满奋发向上的力量。

我们需要信念,是因为信念能让我们清楚地看清人生的方向,不会让我们轻易迷失方向。人生的舞台需要观众,需要演员,更需要剧本,剧本来源于何方?剧本的来源就是我们的信念,因为信念能给我们带来希望,它能指导我们在生活工作中扮演好各式各样的角色,以此来达到不断向成功迈进的目的。

如果我们心灵疲倦了,我们就要学会放松,因为有信念在把握我们的方向,我们就不用怕方向迷失。我们可以有很多减压的方式,比如去旅游,去找三五朋友聊天,去参加一些活动……只要我们信念的吸引力存在,我们的意识就不会迷失,而我们内心的压力也会得到很好的释放。

吸引力旋涡：
遇见生命中的每个奇迹

信念的高贵之处还在于它不计得失，不管你在哪里，去做什么，信念都会为你守望，等到你需要它的时候，它就会发挥效能，为你的人生增加强大的推动力。成功的彼岸永远需要高贵的心灵，而信念就是我们走向成功的坚实后盾。

苏轼是宋朝的大文豪，但是他在仕途上的发展却与他在文学上的成就不成正比。因为种种原因，苏轼面对无奈的人生只能说出"回首向来萧瑟处，归去，也无风雨也无晴"这样的词句。

当时，奸臣李定掌管着御史台。李定母亲去世的时候，他的亲人都让他回家奔丧，然后为母亲守孝三年。但是李定因为怕为母亲守孝而影响到自己的仕途，就决定隐瞒此事。

报信的亲人见他如此行事，大为不满，便去登闻鼓院击鼓喊冤。当时登闻鼓院的主管正是苏轼。苏轼听闻此事后非常气愤，他说："不孝之子怎能为朝廷尽忠？"他强烈要求宋神宗把李定革职查办。

但当时的宰相王安石却说："事情没这么严重，让李定回家奔丧就可以了。"因为这件事，逃过一劫的李定心里极为怨恨苏轼。

十年时间转瞬即过，李定官运亨通，一直做到了御史中丞。而苏轼则仕途不顺，仅仅在浙江湖州当知府。

为了雪十年前之耻，李定把苏轼十年来刊印过的诗集收集起来，咬文嚼字、寻章摘句、牵强附会地诬陷苏轼的诗是反诗。宋神宗相信了李定的话，把苏轼押回了京城。不仅如此，李定还派人把苏轼的儿子也抓了回来。

苏轼被关进了御史台。李定指使皇甫遵去好好"照顾"一下苏轼。于是，皇甫遵对苏轼百般虐待。李定指使皇甫遵这么做，就是为了逼苏轼认罪，然后找借口把他处死。

苏轼的儿子对皇甫遵的做法不满，就去找他进行理论，苏轼就劝解儿子说："孩子，你不要中了他们的奸计啊！《易经》里说，'尺蠖之屈，以求信也。龙蛇之蛰，以存身也。精义入神，以致用也。利用安身，以崇德也。'意思就是说，尺蠖之所以收缩身躯,就是为了下一次更好地伸展;龙蛇在冬天冬眠,就是为了活命;精研学问就是为了利用知识,为自己提供生命保障,是一种非常高尚的品德。忍辱负重,才能保全生命。现在咱们父子是在屋檐下,只有低下头逆来顺受,才能保全性命。否则就会中了他的毒计,那时我们可就真的只有死路一条了。"

这场正与邪的消耗战,最终以苏轼证明了自己的清白而结束。出狱后的苏轼远离政坛,醉心于诗词歌赋,最终成为了旷古烁今的大文豪。而李定和皇甫遵则身败名裂、遗臭万年。

苏轼有一份闲适的心境,一直都知道自己的梦想在何方,就算厄运压身,被艰险阻隔了道路,他也能保持清醒,不会迷失方向。信念是苏轼最强有力的支撑,他知道现在的自己离梦想有多远的距离,所以他选择了坚持。正因为这样,苏轼最后成为"唐宋八大家"之一,成为宋词"豪放派"的代表。

我们都想拥有恬淡闲适的心境,但是每天发生的复杂的事情往往会把我们压得喘不过气来,让我们迷失掉了自己的方向。越是这样,我们就越应该保持清醒,让我们的人生在坚强信念的支撑下充满张力。

信念有着无穷的吸引力,正是这种吸引力在我们迷失的时候为我们掌好舵,让我们对成功的执著更加强烈,因为有信念,我们的人生才会变得更加伟大。

吸引力法则

在快节奏的现代生活压力之下,调整心态,为心灵减压的关键,就在于树立高尚的信念。高贵的信念具有特殊的魅力,它能够让我们内心充满希望,让快乐美好溢满我们的心田,让我们在斡旋艰难时从容不迫。

我们都想拥有恬淡闲适的心境,但是每天发生的复杂的事情往往会把我们压得喘不过气来,让我们迷失掉了自己的方向。越是这样,我们就越应该保持清醒,让我们的人生在坚强信念的支撑下充满张力。

第八章
抵制思想病毒，思考改变一切

　　思想就像电脑一样，也会染上病毒。但是我们的思想不像电脑那样能安装杀毒软件、防火墙以及一键恢复系统。所以我们需要时时保持清醒，及时有效地清理思想中的垃圾，只有如此，我们才会离成功更近一步。

　　吸引力能够发挥积极作用，关键就在于我们积极的思想。所以，我们要及时排除思想中的负面情绪，重新把正面情绪扶持到顶端位置，只有这样，我们的吸引力才能正常运转。

01 小心，思想也有病毒

电脑经常因为受病毒侵扰而运行缓慢，甚至无法运行，而我们的思想也是如此，也会受到"病毒"的侵害。现在，社会中各种思想相互交融，有精华，也有糟粕，如果我们不懂得取舍，就会被思想病毒侵扰，长此以往，我们的信仰就会被病毒一点一点蚕食掉。

预防思想病毒的侵扰，就要时刻保持警惕。如果我们不能保持高度的清醒，就很有可能被在人群中传播的思想病毒所感染，而我们的人生也将会因此失去方向。诚然，我们每个人都有吸引力，都想交到好运，但是结果往往是我们的吸引力还没发挥出作用，我们的思想就被病毒蚕食了。我们思想被病毒长期蚕食之后，人生目标就会变得模糊，而我们的人生也将被打上失败的烙印。

梦想的推动力在于一些积极的思想，而病毒的到来，就会让我们积极的思想瞬间发生变异，变异成消极的思想，这时，我们的吸引力就会荡然无存了。我们思想不能像电脑一样，安装杀毒软件，安装防火墙，但是我们却可以不断学习，让积极的思想融进我们的大脑，这样，我们的思想才能避免病毒的侵害，继续发挥出吸引力的强大作用。

思想病毒是依托寄主，可以不断复制的，如果我们不能抵抗病毒，病毒就很有可能深入我们的头脑，并不断滋长和复制，最后，我们所有的思想都会被病毒所占据。如果思想病毒不能及时得到清理，我们就会产生恐慌、嫉妒、厌世、抑郁等诸多消极心理，而我们的吸引力反力就会变得非常大。病毒的侵袭也会影响到我们的人生，让我们的人生失去本应具有的颜色。

我们的头脑没有电脑中的一键恢复功能，如果我们的思想遭受到了病毒侵袭，我们要做的就是全力抵制，不能让思想病毒影响到我们的潜意识。

我们拥有主观能动性，能够在一定程度上控制住我们的思想。思想是一切行动的先行者，如果我们的思想被传染，就会直接影响到我们下一步所要采取的行动，而我们当初燃起的信念就会被思想病毒吞噬掉。

如果我们总是对自己说"不可能"，就算再可能的事情也会变得不可能了；如果我们总对自己说"可能"，就算当初不可能的事情也会变得可能了。人的想法是没有边际的，经过理性地取舍之后，当我们想要做什么时，就应该勇敢去做，尽量让积极思想带动自己，这样，我们的思想才会变得百毒不侵。

古时候，有个书生进京赶考，到了京城，入住了一家客栈。不知道是因为他路途疲惫还是心中紧张，晚上睡觉时一连做了三个奇怪的梦。第一个梦是他在自己家的墙头上种蔬菜；第二个梦则是自己在下雨天里赶路，戴着斗笠还打着雨伞；第三个梦是和自己心仪的姑娘躺在一起，可他们却是背靠着背，看不到对方的脸。

这三个梦让书生心里很不安。第二天一早，他就跑到算命先生那里，把自己在梦中的情形统统说了一遍。

算命先生听后，叹了口气说："我奉劝你还是回家吧！这三个梦皆是不祥之兆。你想想看，墙上怎么能够种菜呢？这就是白费劲啊！你在雨中行走，既然戴着斗笠，为何还要打伞呢？这就是多此一举啊！再说，你和自己心仪的姑娘躺在一张床上，背靠着背，这就是没希望啊！"书生一听，心里凉了一大截。

回到客栈，书生就开始收拾包裹，准备回家。客栈老板无意中看到了他的举动，觉得很奇怪，便问："再过几天就要考试了，你为何要走呢？"书生于是将自己的梦告诉了客栈老板。

老板听后哈哈大笑，说："你的梦是吉祥之兆啊！在墙上种菜，摆明了就是'高种（中）'；戴着斗笠打着伞，双重保护，这就是有备无患；你跟姑娘背靠背躺着，说明你就要翻身了呀！"

听到老板的解释，书生顿时舒了一口气。他觉得很有道理，精神也为之一振，积极地应对考试。结果这位书生竟然中了状元！

吸引力旋涡：
遇见生命中的每个奇迹

不同的思想决定不同的行动，不同的行动决定不同的结果，我们要做的就是把握好自己。过去的终将会过去，该来的也终将会到来，把握住现在，让我们的人生继续充满希望，这样，我们的未来才不会变得遥远。我们要像重拾信心的书生一样，及时清除思想病毒，让我们的人生再次焕发希望，这样，我们的思想留下的才会是精华，而我们的人生也会在积极思想的带动下变得多姿多彩。

我们相信世界的美好，但是我们也要防备思想的病毒。吸引力不能受到病毒的感染，不然，我们的吸引力将会被负面情绪所左右，而负面情绪也会依托于我们的思想不断复制，等到事态严重，我们的思想就很难再杀毒了，再也无法找回当初的自信与激情了。

人的思想需要时时排毒，需要我们及时清理头脑中的垃圾，不断变换思维方式，这样，我们的吸引力才会新鲜，才能吸引到越来越多的积极潜意识，而潜意识也将会一步步引导我们向成功迈进。

吸引力法则

思想病毒是依托寄主，可以不断复制的，如果我们不能抵抗病毒，病毒就很有可能深入我们的头脑，并不断滋长和复制，最后，我们所有的思想都会被病毒所占据。如果思想病毒不能及时得到清理，我们就会产生恐慌、嫉妒、厌世、抑郁等诸多消极心理，而我们的吸引力反力就会变得非常大。病毒的侵袭也会影响到我们的人生，让我们的人生失去本应具有的颜色。

如果我们总是对自己说"不可能"，就算再可能的事情也会变得不可能了；如果我们总对自己说"可能"，就算当初不可能的事情也会变得可能了。人的想法是没有边际的，经过理性地取舍之后，当我们想要做什么时，就应该勇敢去做，尽量让积极思想带动自己，这样，我们的思想才会变得百毒不侵。

02　想成功，先学会反思

学会反思，分清身边的得与失，时常自省的人才是明智的人。古人常说"吾日三省吾身"，强调的就是人贵在常自省，能够反躬自问。人生会面临多种复杂的人和事，害人之心不可有，防人之心不可无。人生如何才能由复杂变得简单呢？最好的办法就是常自省，知道自己每天都得到了什么，失去了什么，现在又在追求着什么，只有清楚地知道这些，我们的梦想之路才会完全展开。

学会反思，我们才会有直视人生的勇气，才能胜不骄，败不馁。反思给我们带来的是吸引力，是好运。我们每天都要吃饭，这是为身体补充营养，而反思则是为我们的心灵补充营养。在如今竞争激烈的社会，我们每天都要奋斗，都要不知疲倦地工作，越是如此，就越需要我们反思，只有不断反思，我们才能知得失，明事理，而我们的人生才会因为我们心灵的豁达而精彩。

吸引力法则要求我们学会反思，就是要求我们正确地对待人生，正确地看待每一次的得失，这样，我们才会万事不萦于怀，而我们的吸引力才会永远保持干净、透彻，发挥出它本来能发挥出的功效。

反思会让我们取舍有度，得失自知，不会为逆境、挫折、失败而裹足不前。想要向成功迈进，就要先学会反思。成功道路很长，如果我们每天只是奔跑，没有反思的时间，我们就很有可能迷失掉方向。成功之所以让人着迷，是因为在实现它的道路上存在很多的变数，如果我们不懂得变通，又将如何面对成功路上的各种挫折呢？累了就应该停下来歇歇，成功不会在你反思的时候飞走，它只会因为你能静下心来反思而离你越来越近。

吸引力旋涡：
遇见生命中的每个奇迹

反思可以让我们总结经验，能够让我们从各种角度看待自己，学会审时度势。没有机会的时候，我们要安之若素；机会来临的时候，我们要及时抓住机会，借势而发，千万不要让机会轻易从我们手中溜走。

想要拥有吸引力就要先学会反思，冷静的思考会促使吸引力沉淀下来，变得更有质感。我们常常会说"厚积而薄发"，那么，我们要怎么样才能厚积薄发呢？难道仅仅是要蓄势吗？其实不然，我们需要反思，静下心来，让自己沉淀下来，这样，我们才能更直观地看清自己来时和去时的路，而人生的目标也会因为我们的反思变得更加清晰。

一只狐狸在信步走着，正在这时，它看到了一个绿色的葡萄架，葡萄架上面结满了各色各样的葡萄，狐狸看了口水直流，真想都摘下来吃个够。

狐狸看着高高的葡萄架，纵身一跃，但是差了半尺，但它并没有放弃，再次跃起，却总是仅仅差半尺。于是，狐狸又使足了劲，纵身跃去，没想到越跳越退步，这次差了一尺，狐狸又接连跳了几次，距离越差越大。最后，狐狸跳不动了，就停下来喘着粗气。

这时，一阵风吹了过来，狐狸多希望这阵风能吹落哪怕一串葡萄呀！没想到事与愿违，这阵风带来的仅仅是几片枯黄叶子的飘落。狐狸绝望了。

狐狸眼见葡萄无法吃到嘴，就在心里安慰自己："葡萄架上的葡萄肯定是生的，不仅如此，而且还很酸很涩，这种葡萄，白给我吃我都不吃呢，哼！"最后，狐狸一脸得意地离开了。

狐狸没吃到葡萄就说葡萄酸，通过贬低自己求而不得的目标来自慰，确实可笑而荒唐。如果我们也有这样的心理，总是自我安慰，而不去反思，反思之后不去实践的话，我们所期待达到的成功目标就会变得遥不可及了。

如果我们在失败之后能够这样反思，是什么原因导致我失败了呢？以后在新的机会面前我怎样做才能不再失败呢？那么，按照吸引力法则来解释，我们的吸引力就会发挥出最大的效应。社会越复杂，失败次数越多，就越需要我们去反思。人生的道路不是一成不变的，我们要做的就是选对自己的人生道路，找对自己的人生方向，反思恰恰能够帮助我们完成这种关键的抉择。

吸引力需要催化，梦想之火需要点燃，而这些都不是朝夕可成的。在通往成功的道路上，累了需要反思，困惑了需要反思，失败了也需要反思，反思是无处不在的。就像那件《思想者》的雕塑作品一样，他永远在深沉凝望着这个世界，而我们也需要这种恬淡的心理，因为这种心理就是促使我们迈向成功的助力。

吸引力法则

学会反思，我们才会有直视人生的勇气，才能胜不骄，败不馁。反思给我们带来的是吸引力，是好运。我们每天都要吃饭，这是为身体补充营养，而反思则是为我们的心灵补充营养。在如今竞争激烈的社会，我们每天都要奋斗，都要不知疲倦地工作，越是如此，就越需要我们反思，只有不断反思，我们才能知得失，明事理，而我们的人生才会因为我们心灵的豁达而精彩。

吸引力需要催化，梦想之火需要点燃，而这些都不是朝夕可成的。在通往成功的道路上，累了需要反思，困惑了需要反思，失败了也需要反思，反思是无处不在的。就像那件《思想者》的雕塑作品一样，他永远在深沉凝望着这个世界，而我们也需要这种恬淡的心理，因为这种心理是促使我们迈向成功的助力。

03 试着把你的心扉敞开

在人生的广阔空间中，我们总希望有一片属于自己的领地，这片领地只属于自己，任何人都不得进入。但是，我们要清楚的是，在实现梦想的路上，

吸引力旋涡：
遇见生命中的每个奇迹

我们必然会遇到形形色色的人，我们不知道下一秒钟会发生什么情况，所以，我们要做的不是封闭自己，不是孤立自己，而是应该努力多认识一些人，多积累一些经验，这样，我们才会走出自己的小圈子，接纳社会的大圈子，充分利用人脉资源，创造美好的人生。

人的心理和梦想有着千丝万缕的关系，如果我们想要收获更多，首先要做的就是付出更多。"将欲取之，必先予之"，说的就是这个道理。走在人生漫漫长路上，不懂得交际是无法成功的。如果我们总是故步自封，总是停留在自己的方寸之地，摆出一副众人皆醉我独醒的样子，与人保持距离，长此下去，我们就会为世人所不容，不仅我们的吸引力会消失得一干二净，就连我们的未来也将会充满黑暗，毫无出路。

我们每个人都需要朋友，更需要对自己负责，这样，我们才会敞开心扉，愿意与人交流，使我们的人生因为交流而变得精彩，使我们因为被人欣赏而重新焕发激情与活力。生活中的每个人都不是单一存在的个体，而是有着人际关系圈的群体，我们身边有亲人、朋友、同事等等，如果我们总是拒人于千里之外，就会失去朋友，等到我们遇到困难或者失败了，我们自己就会变得孤单无助。平时没有对别人敞开心扉，别人就自然不会主动帮助你了。

一个人的吸引力不是孤独的，它需要人群，只有被人欣赏，吸引力才能发挥出最大作用。人是群居动物，我们需要的是交流，而不是自闭。把我们的思想与别人分享，我们才会得到别人的认可与欣赏。如果我们总是孤芳自赏，就无法全方位地认清自己。

没有朋友的人生是可怕的。只有把每个人放到人际关系圈中去检验，我们才能看到他的优点、缺点，如果我们总是自诩为人上人，总是摆出一副盛气凌人的架子，谁还会愿意与你为伍呢？如果没有人欣赏，那么，我们的吸引力也会变得子虚乌有，根本没有存在的价值了。

吸引力的磁场是强大的，我们要做的就是让吸引力找到最适合它生长的沃土，使吸引力茁长成长，而我们的心灵也将会因为获得滋养而变得越来越宽广。

威廉·奥斯勒还在上学的时候，对生活总是提不起兴趣，好像每一天都很疲惫，做事时犹豫不决，畏首畏尾。正是因为如此，威廉·奥斯勒平时错过了很多机会。

一次偶然的机会，威廉·奥斯勒读到了汤姆士·卡莱里的一本书，书中有这样的一段话："最重要的就是不要用过去的阴影看远方模糊的未来，而要毫不犹豫地做手边清楚的事。"威廉·奥斯勒如梦方醒，他决定改变自己，每天都要让新的生活影响到自己，告诉自己不要再怯懦胆小了，遇到事情，要果断去做，而不是继续选择逃避。

威廉·奥斯勒真的改变了，他把自己过去的消极思想全部抛却了，他开始变得坚强了，他感觉自己的人生真的充满了乐趣。在这种积极思想的支配下，威廉·奥斯勒开始学医，因为他喜欢医学。经过努力，他成为了一名医学家。后来，威廉·奥斯勒创建了世界上非常著名的约翰·霍普金斯医学院，又成了牛津大学的讲座教授，还被英国国王加封为爵士。

威廉·奥斯勒曾经在回忆自己的转变时说："我用铁门隔断了过去与未来，而在今天，我选择用百倍的勇气来做我想做的事情，所以，我取得了成功。"威廉·奥斯勒的这段话，影响了无数人。

比大地更宽广的是海洋，比海洋更宽广的是天空，比天地更宽广的是心灵。如果我们的心灵不够宽广，我们最应该做的就是敞开它，唯有如此，我们才能看到世界的美好。人生的路需要我们一步一步坚定地走下去，梦想实现的过程也需要我们脚踏实地地去走。心灵是最宽广的，我们要做的就是让心灵更加宽广，而我们也将会受到心灵的影响，变得豁达开朗，而我们的人生也将会更上一层楼。

吸引力既然存在，就必然会有它存在的价值，所以，我们需要的就是遵循吸引力法则，让它最大限度地发挥出自己的作用，这样，我们的人生才会因为吸引力法则的作用而变得精彩。

　　成功是为拥有成功心灵的人准备的,如果我们没有这样的心灵,就应该及时培养,这样,我们才会无限趋近于成功。试着去敲开心扉吧,我们将会看到生命的美好;试着去敲开心扉吧,我们的人生将会变得更加精彩!

> **吸引力法则**
>
> 　　人的心理和梦想有着千丝万缕的关系,如果我们想要收获更多,首先要做的就是付出更多。"将欲取之,必先予之",说的就是这个道理。走在人生漫漫长路上,不懂得交际是无法成功的。如果我们总是故步自封,总是停留在自己的方寸之地,摆出一副众人皆醉我独醒的样子,与人保持距离,长此下去,我们就会为世人所不容,不仅我们的吸引力会消失得一干二净,就连我们的未来也将会充满黑暗,毫无出路。
>
> 　　成功是为拥有成功心灵的人准备的,如果我们没有这样的心灵,就应该及时培养,这样,我们才会无限趋近于成功。试着去敲开心扉吧,我们将会看到生命的美好;试着去敲开心扉吧,我们的人生将会变得更加精彩!

04　负面思想,是只纸老虎

　　在人生中,如果我们总是拘泥于负面思想,我们就会被这样的负面潜意识所影响,长此下去,我们就会被吸引力反力所左右,这样导致的结果就是近墨者黑。人的思想不是单一的集合,我们每个人的精神世界都是正面思想和负面思想的结合体,如果想要成功,就要做足功课,尽量消除负面思想,只有如此,我们的正面思想才能占据主导地位,正面思想主导地位带来的就是成功的实现。

负面思想只是纸老虎,我们一捅,它就会破。因此在人生路上,就算我们跌倒了也不要害怕。失败了,爬起来看看脚下,想想失败的原因,知其然才能知其所以然,这才能让成功近在咫尺。失败是成功的先行者,是对我们抗压能力的一次考验。

最初的我们都是一块块大小不一、棱角鲜明的石头,经过社会的不断冲刷,这些石头才会变成没有棱角、形状差不多的鹅卵石。而我们如果想要消除这些负面思想就要坚定信心,然后客观分析自己,这样,负面思想才会消失。如果我们不能正确分析问题,总是喜欢把负面情绪扩大化,后果就一发不可收拾了。

人生是一个不断完善的过程,我们每个人都不是完美的,这就注定我们要接受人生的历练,通过自身的努力打磨之后,我们才能脱胎换骨,才能从不完美中走出来,让自己变得更加完美。吸引力也是如此,如果我们的吸引力弱,那么,我们就应该通过完善自己增强我们的吸引力;如果我们的吸引力强,那么,我们就更应该沿着这条道路奋斗。只有做好自己,坚持不懈地奋斗,我们才可以说,我们的人生因为奋斗而变得精彩。

成功或者失败,只是人生的一次历练,未来之所以让人着迷,是因为它的未知。人生没有坦途,有的只是把歧路变成坦途,以及让我们继续奋斗下去的勇气。人生是一个不断自我实现的过程,既然我们要实现自己的价值,就一定要把握好自己,不要让自己在人生旅途中掉队。人是会思考的动物,我们要有摒弃负面思想的主观欲望。同时,我们也希望自己变得光鲜亮丽,成为众人瞩目的焦点。越是如此,就越需要我们时时保持清醒,这样,我们的人生才会因为奋斗而变得精彩。

吸引力旋涡：
遇见生命中的每个奇迹

李·艾柯卡曾经是美国福特汽车公司的总经理，之后，他又成为了克莱斯勒汽车公司的总经理。虽然我们现在看到的都是他的成功，但是他也有过挫折失败。面对层层危难的考验，李·艾柯卡挺了过来。他曾说："奋力向前。即使时运不济，我也永不绝望，哪怕天崩地裂。"正是这种积极心态的指引，使李·艾柯卡不断向成功迈进。

李·艾柯卡刚刚年满21岁时，就到了福特汽车公司当了一名见习工程师，但是，当时的李·艾柯卡另有梦想，他想从事销售工作，他喜欢和人交流，对眼下这些繁琐的技术工作提不起半点兴趣。

李·艾柯卡坚信自己的梦想，并且一直努力坚持走下去。经过一段时间的努力，他终于从一名普通的推销员，做到了福特公司的总经理。但是，人生有高潮，就有低谷。1978年7月13日，当了8年福特汽车公司总经理的李·艾柯卡被解雇了。昨天的他还在被万人敬仰，但是今天的他却成为最最普通的一个人，他突然间就失业了。

李·艾柯卡心想，既然艰苦的日子已经来临，如果选择屈服，给自己带来的只能是灾难，而自己要做的就是做个深呼吸，勇敢地去面对生活的挑战，这样，自己才有可能在成功的道路上继续前进。

李·艾柯卡重拾了信心。他应聘到了濒临破产的克莱斯勒汽车公司担任总经理。临危受命的李·艾柯卡并没有因为公司濒临破产而倒下，而是想要依靠自己8年总经理的经验来挽救濒临破产的公司。

李·艾柯卡开始发挥自己的经验与智慧，对公司内部进行整顿、改革，又和国会议员进行了大规模的辩论，并由此获得了大笔贷款，让濒临破产的公司再次走上了良性发展的道路。

1983年8月15日，克莱斯勒公司还清了所有的债务。恰恰是5年前的这一天，福特汽车公司把李·艾柯卡开除了。如果当初，李·艾柯卡选择放弃，对自己自暴自弃，最后的结果只能是让自己走向深渊。现在，李·艾柯卡从心理落差中缓了过来，走出了失败的阴影并且迅速找到了自己的人生方向，最后取得了成功。

对命运不屈服，找到属于自己的人生方向，我们的人生才会变得精彩。对负面思想持什么态度，关键要看我们自己，如果我们像李·艾柯卡一样及时调整自己，把负面思想抛之脑后的话，我们的信心就会重新溢满心间，而成功也会在不远处等着我们的到来。

不管是什么样的思想，只要能促使我们迈向成功，让我们的吸引力的光芒不会消散，这样的思想就是好思想。负面思想如果能加以利用，我们就能沿着成功的方向继续寻找，而经过负面思想洗礼的我们，会感觉自己的心理承受能力提高了很多，而梦想也会因此变得不再遥远。

吸引力是否能起到作用，关键就在于我们是否能把握住自己，不以负面思想为耻，也不以负面思想为荣，正确看待负面思想，我们才会重新找到吸引力的支点，这样，吸引力被激发也就成了一件非常简单的事情了。

吸引力法则

> 不管是什么样的思想，只要能促使我们迈向成功，让我们的吸引力的光芒不会消散，这样的思想就是好思想。负面思想如果能加以利用，我们就能沿着成功的方向继续寻找，而经过负面思想洗礼的我们，会感觉自己的心理承受能力提高了很多，而梦想也会因此变得不再遥远。
>
> 吸引力是否能起到作用，关键就在于我们是否能把握住自己，不以负面思想为耻，也不以负面思想为荣，正确看待负面思想，我们才会重新找到吸引力的支点，这样，吸引力被激发也就成了一件非常简单的事情了。

吸引力旋涡：
遇见生命中的每个奇迹

05 负面思想影响只是一时，并非一世

在人的一生中，挫折和失败都只是暂时的，并非一世存在。负面思想也是如此，我们要做的就是摆正自己的心态，多去想想一些美好的东西，这样，我们的意志力才会坚定，此消彼长，负面思想才会变得薄弱，变得不堪一击。

人生就是一个不断超越自己的过程，如果我们总是被负面思想影响，那么，我们的人生就会充满消极情绪，长此下去，我们的人生将毫无意义，很有可能会走向极端。有些人害怕挑战，但越是如此，挑战越是飞速而至。人生中没有一成不变的事情，我们要学会用发展的眼光看待问题，任何事情都处在不断变化的阶段，我们要做的就是忍常人所不能忍，让负面思想的阴霾尽快消散。

一时并非等于一世，时间可以改变很多东西。如果想要让吸引力发挥最大作用，我们就要学会转换角度，用长远的眼光去发现、解读人生，这样，成功之门才会为我们而打开。人生需要意志，吸引力会产生磁场，我们要做的就是学会忍受，学会求变，将负面思想剔除光，只有这样，我们的吸引力才会在正面思想的催化中逐渐发展壮大。

成功就像是一场长跑比赛，起点都一样，没有先后，但是随着比赛时间的推移，奔跑中的我们之间就会拉开差距。我们要做的就是不断激发出自己的吸引力，让自己快速地向梦想靠拢，不要被路上的风景所迷惑，更不要因为路上的负面思想而止步不前。人生需要的就是不断前进，如果我们被不断前进的意识所左右，我们就会感觉不到时间的流逝，而负面思想也会随着时间的流逝变得暗淡。

既然渴望成功,就要勇敢去追寻;既然不需要负面思想,就要学会遗忘。你越是强大,负面思想对你的影响就越小。人生中的每一天都充满变数,如果我们总是为身边的琐事所困,我们的负面思想就会以几何级数增长,而我们要做的就是学会抵制,放下负面思想,尽量让正面思想补充进我们的头脑,有了正面思想的不断加入,我们的人生才会充满希望,这时,我们才有勇气说,我们一直都在成功的路上。

我国著名的围棋大师聂卫平,曾经在国内外的多次重大比赛中取得了优异成绩。他的成功与其个性密不可分。聂卫平上进心极强,任何有竞争性和挑战的比赛他都喜欢。谁都知道下围棋需要随机应变,聂卫平在与人较量时,总是杀得天昏地暗。为此,日本人很怕他,还称他为"聂旋风"。

在第一届中日围棋擂台赛上,聂卫平出场3次。按照中国围棋队赛前的目标来看,只要他打败小林光一,就算是完成了预期目标,这个目标聂卫平一上场就完成了。接下来,聂卫平要与加藤正夫进行比赛,如果这一场他赢了,那就是大胜。在此前的一年,加藤曾经在三番棋中以2:0击败聂卫平,这盘棋对于聂卫平来说带有"雪耻"的色彩。一年后的这场比赛,聂卫平却下得非常流畅,有如神助,上进心极强的聂卫平最终胜了加藤正夫。

最后一局,聂卫平的对手是藤泽秀行。前两场比赛聂卫平已经赢了,即便这一盘他输了,他依然是英雄。但是,聂卫平却给自己定了一个目标:只能赢,不能输!聂卫平认为,如果不能达此目的,对中国棋坛、对中国人民来说,都是一种遗憾。

在6个多小时的激烈角逐中,聂卫平没有吃一口饭,由于体力消耗过大,他还吸了两次氧。最终,聂卫平胜了藤泽秀行,以3战3胜的战绩为中国争得了荣誉。

聂卫平有着一种不服输的精神,而这种精神为他带来的是强大的吸引力,而正是这种强大的吸引力,让聂卫平看到了希望,进而克服掉了负面思想。梦想之所以珍贵,就在于它是我们心中的一座神圣殿堂,无论日晒雨淋还是严寒酷暑,它一直都在那里,岸然屹立在我们心中。

吸引力旋涡：
遇见生命中的每个奇迹

我们不要害怕负面思想，我们越是害怕，负面思想就会越清晰。我们的这种害怕正是负面思想滋长的温床，本来，负面思想只能影响我们一时，但是正因为有了我们的害怕，负面思想就会影响我们更长时间。负面思想影响时间的加长，带来的后果就是我们吸引力的逐渐消退。长此以往，吸引力就会从我们身体里隔离出去，而我们的人生也会因此失去了本应有的味道。

面对负面思想，我们要做的就是拥有超凡的意志力，只有拥有这样的意志力，我们才能练成抵制负面思想的金钟罩，只有这样，梦想和现实才会靠近。人生的精彩在于它有各种各样的味道，而我们要做的就是逐一品尝，不能单单因为负面思想而放弃其他味道。

吸引力能够成就我们，关键就在于我们善于发现，并在发现之后善加利用。负面思想是我们的劲敌，而我们要做的就是好好把握住负面思想，不让它滋生，这样，我们的吸引力才能拨开浓雾见青天，而我们的人生也会因此散发出多姿多彩的颜色。

> **吸引力法则**
>
> 在人的一生中，挫折和失败都只是暂时的，并非一世存在。负面思想也是如此，我们要做的就是摆正自己的心态，多去想想一些美好的东西，这样，我们的意志力才会坚定，而负面思想就会变得没有想象中的强大了。
>
> 既然渴望成功，就要勇敢去追寻；既然不需要负面思想，就要学会遗忘。你越是强大，负面思想对你的影响就越小。人生中的每一天都充满变数，如果我们总是为身边的琐事所困，我们的负面思想就会以几何级数增长，而我们要做的就是学会抵制，放下负面思想，尽量让正面思想补充进我们的头脑，这样，我们的人生才会充满希望，这时，我们才能说，我们一直都在成功的路上。

06 改变世界，从改变负面思想开始

古罗马哲学家塞尼卡曾经说过："真正的伟人是像神一样无所畏惧的凡人。"对世界无所畏惧的人，负面思想也会惧怕他，对他避而远之，永远不敢再在他的身边出现。对世界无所畏惧就是一种吸引力，而吸引力吸引到的是无所畏惧的思想，正是这种思想，让所有负面思想立刻逃遁。学会坚持，学会无畏，负面思想才会远离我们。

成功永远都是勇敢者的游戏，而我们要做的就是让吸引力在我们的勇敢的气势下发挥出作用。思想是行动的先行者。如果我们想要改变世界，就要先改变自己，而改变我们自己，就要先改变我们的负面思想。

如果我们想要让吸引力永远保持强劲势头，就要不断为自己加热，这样，吸引力的热情之火才不会熄灭。世界能影响人，我们的吸引力也能影响人，如果我们想要改变世界，就要先从自身入手，让自己的吸引力主宰自己，把负面思想从我们的心里除掉。取其精华，去其糟粕，我们的人生才会更有意义。

被负面思想左右的人是可怕的，他们做事的时候会畏畏缩缩，没有目的性，每天只是得过且过，这样的结果只会让他们的人生变得平淡无味，不仅会失去本应有的精彩，更会给他们的人生带来苦难。坚持、隐忍，是成功者必备的素质。如果我们想要成功，我们就需要清楚自己需要什么，为了实现这个目标应该去做什么，只有这样，我们才会明白人生中的那些机缘，才会理解到成功的真正含义。

人学会自省，才能得到提升。岁月之所以能够改变一个人，主要在于每个时间段、每个地点，积极的人都在以不同的方式提升自己。我们常常会说，

吸引力旋涡：
遇见生命中的每个奇迹

爱情经不起岁月的考验，其实，我们的人生又何尝不是如此呢？经得起岁月考验的人都已经取得了成功，他们已经站到了众人之上。

成功者为什么会取得成功？是因为他们和别人有很大的不同吗？其实，我们每个人出生的时候都是相同的，但是有人坚持不懈，最终取得了成功；而有的人则被自己的负面思想所左右，放弃了自己当年的雄心壮志，最终消沉甚至堕落。成功在于坚持；改变世界，改变负面思想，也在于坚持。我们都知道成功的味道香甜，而且久久不会散去，但是，很多人仅仅停留在知道的层面上，并不会坚持，由此而引发的结果就是自己打败了自己，而失败也就成了不可避免的结果了。

改变世界，先从改变自己开始。身残志坚的张海迪，她的事迹足以让我们深切感受到清除负面思想对改变世界的意义：

张海迪被誉为"80年代新雷锋"，"当代保尔"。

张海迪5岁时就患有脊髓血管瘤，几乎全身瘫痪。在残酷的命运面前，她没有沮丧和沉沦，而是以顽强的毅力和持久的恒心与疾病作斗争，经受了严峻的考验，对人生充满了信心。她虽然没有机会走进校门，却发愤学习，学完了小学、中学全部课程，自学了大学英语、日语、德语和世界语，并攻读了大学和硕士研究生的课程。

1983年，海迪开始走上文学创作的道路，她以顽强毅力克服病痛和困难，精益求精地进行创作，执著地为文学而战。她的作品在海内外产生了广泛的影响。

张海迪战胜病魔、顽强进取的精神，以及她伟大的道德力量，受到了无数人的敬仰。

我们每个人都想取得成功，但是，我们仅仅停留在想上，却不去做，就算是做了，也是盲目地上手去做。我们每个人本身就是一个矛盾的结合体——有正面思想就必然会有负面思想与之相左。世界上的一切事物都是以对立统一的形式存在的，如果我们希望什么事情发生，只要坚持，这件事就会发生。正是因为如此，吸引力才会有如此强大的魔力，带领我们不断向着成功迈进。

吸引力那双带有魔力的双手已经和我们握到了一起，也正因为如此，我们的人生才会吸引到越来越多美好的事物。但是我们不要忘了，美好的背后就是邪恶，所以，我们更要警惕负面思想的侵袭，而我们的人生也正是因为懂得坚持，才会变得有滋有味。

有人说，我的梦想很大，但是要走的道路却很长，与其如此走下去，不如安安稳稳度过一生。我们姑且不论哪种活法更好，我们只要知道，人生因为未知而神秘，因为神秘而去努力。没有人知道未来能够给我们带来什么，但是我们却甘愿去努力，去奋斗，最主要的原因就是我们有成功的信念，我们要成功，要成为人上人。所以，我们要改变负面思想，让我们的人生变得精彩。

吸引力法则

古罗马哲学家塞尼卡曾经说过："真正的伟人是像神一样无所畏惧的凡人。"对世界无所畏惧的人，负面思想也会惧怕他，对他避而远之，永远不敢再在他的身边出现。对世界无所畏惧就是一种吸引力，而吸引力吸引到的是无所畏惧的思想，正是这种思想，让所有负面思想立刻逃遁。学会坚持，学会无畏，负面思想才会远离我们。

改变世界，先从改变自己开始。我们每个人都想取得成功，但是，我们仅仅停留在想上，却不去做，就算是做了，也是盲目地上手去做。我们每个人本身就是一个矛盾的结合体——有正面思想就必然会有负面思想与之相左。世界上的一切事物都是以对立统一的形式存在的，如果我们希望什么事情发生，只要坚持，这件事就会发生。正是因为如此，吸引力才会有如此强大的魔力，带领我们不断向着成功迈进。

07 学会让负面思想"转正"

如果我们手上有一堆垃圾,我们应该怎么做,是扔了它们吗?我想应该不是,我们要做的是应该让这些垃圾变废为宝,把它们放在能发挥它们价值的地方,这样,垃圾才会变成宝贝,我们也会因此得到更多的财富。

不要把负面思想看得太重,太过在意,否则会让负面思想自然产生吸引力的反力,这种吸引力反力会为我们带来的人生中的最大灾难。我们要做的就是看淡一些,这样负面思想就不会太顽固,我们也不会因为负面思想的产生而有多大的变化。如果想要成就一番事业,想要取得别人难以企及的成功,我们要做的就是让负面思想"转正",让负面思想为己所用,让负面思想成为警世钟,不断提醒自己,这样,成功才会跟你站到一起。

负面思想之所以会让人厌恶,是因为它会阻碍吸引力的出现,它会让我们的内心变得黑暗,再也难以有所突破。我们都想在人生道路上越走越远,恨不得马上就能取得成功,但是成功往往不是这么简单的,在成功的道路上永远都会有阻碍。如果成功如此简单的话,现代的成功人士也就没有想象中的那么耀眼了。

我们主观上都认为,负面思想是不好的,是阻碍我们前进的一道枷锁,如果我们一直这样想下去,负面思想为我们带来的只能是枷锁。我们是负面思想的把握者,我们有负面思想的最终决定权。如果我们总想负面思想的话,负面思想就会变得更加负面;如果我们想把负面思想变废为宝的话,负面思想就会成就我们。

如果我们太在意一件事的话,我们就会被这件事情所左右,进而丧失掉了冷静思考的能力。等到事后，雨过天晴，我们回过头再看的时候我们就会发现，我们太过在意的事情，不过是微不足道的小事，根本就不值一提。与其事后诸葛亮，不如就从现在做起，好好利用好负面思想，化阻力为动力，这样，我们的人生才会充满希望，而负面思想也会变得不再那么可怕。

如果有个柠檬，那就做一杯柠檬水，这个设想被一个人变成了现实。他就是美国加州一位快乐的农民，名字叫皮特。

几年前，皮特买下了一片农场。不久后，他发现自己上当了，那块地根本不是什么风水宝地，既不能够种植庄稼和水果，也不能够养殖，能够在那片土地上生长的除了白杨树就是响尾蛇。愁苦也没有用，不如想想办法吧！很快，皮特就发现一条好的出路，把那些"坏东西"变成一种资产。所有的人都认为他的想法不可思议，因为他要把响尾蛇做成罐头。

难道皮特"疯"了吗？当然没有。经过努力，皮特的生意做得很大，不但罐头卖得好，每年到他那个响尾蛇农场参观的游客就有上万人，而且那些从响尾蛇身上取出来的毒，都被运送到各大药厂制成蛇毒血清。同时，响尾蛇的皮也出售给皮货商，制成皮包和鞋子。

每个人的思维都不同，如果我们总是拘泥于自己或者是别人的思维，我们的人生就会变得非常单一，进而失去了变通的欲望。人生的未来在于走出属于自己的一条道路，掌握住自己人生的主动权。我们要做的，不是拘泥于惯性思维，而是要让自己掌握主动权。

如果我们认为负面思想是我们前进路上的绊脚石，那么接下来，我们要做的就是把石头搬开或者跨过去，抑或是止步不前。我们何不换一种思维方式，站在石头上面眺望远方，也许我们就会因为增加这一点点高度，看得更远，进而离成功更近了一步。人要懂得变通，负面思想不一定是绊脚石，也有可能是垫脚石，关键就取决于我们每个人的思维想法，我们想要怎么做，负面思想就会跟着我们怎么做。

吸引力旋涡：
遇见生命中的每个奇迹

心理学家阿尔弗瑞德·安德尔说过："人类最奇妙的特性之一，就是把负的力量变成正的力量。"人生就是如此，成功与否不仅仅只看运气，更多的是要看我们的想法，看我们想要怎么去做。吸引力能否发挥出最大的效果，就取决于我们人生中的每一步怎么走。如果我们的思想能更积极一些的话，我们就会发现梦想和现实其实很近，只要我们愿意坚持，愿意让负面思想"转正"，我们的人生就会因此变得睿智，变得精彩。

吸引力法则

我们主观上都认为，负面思想是不好的，是阻碍我们前进的一道枷锁，如果我们一直这样想下去，负面思想为我们带来的只能是枷锁。我们是负面思想的把握者，我们有负面思想的最终决定权。如果我们总想负面思想的话，负面思想就会变得更加负面；如果我们想把负面思想变废为宝的话，负面思想就会成就我们。

每个人的思维都不同，如果我们总是拘泥于自己或者是别人的思维，我们的人生就会变得非常单一，进而失去了变通的欲望。人生的未来在于走出属于自己的一条道路，掌握住自己人生的主动权。我们要做的，不是拘泥于惯性思维，而是要让自己掌握主动权。

08 正确看待思想的感染力

人的思想是有能量的，思想会把遇到的事物进行分类，以此形成我们独特的思维方式，这种独特的思维方式就像是程序在运行，而编写这些程序的就是作为思想主宰者的我们。人的思想是会变化的,是随着外界环境变化而变化的,而我们要做的就是清楚地知道思想的感染力,让感染力为己所用。

思想的感染力是非常巨大的,这种强大的感染力可以让吸引力法则发挥出强大的作用。不管是快乐的还是悲伤的,只要我们认识到思想的感染力,它就会产生强大的吸引力,这种吸引力会左右到我们,也会左右到我们身边的人。而我们要做的就是扬长避短,在积极思想的引导下,走向成功。

有些人没有取得成功,不是因为他们能力不够,也不是因为他们机会太少,而是因为他们根本认识不到思想的强大感染力,控制不住自己的情绪,越是如此,事情就会变得越糟糕。悲伤的时候,我们的思想会产生一种吸引力,正是这种吸引力会让我们变得沉重,处理各种问题时,都提不起兴趣,很多机会就会因此从我们身边溜走;快乐的时候,我们就会感觉到世间的美好,不管做什么事情,我们都会热情高涨,不仅能把握住稍纵即逝的机会,还能在实现自我价值的时候,发现这种快乐的吸引力萦绕在我们周围,于是我们的成功就是自然而然的事情了。

学会控制情绪,我们才会发现人生原来是如此美好,只有这样,情绪的吸引力才不会偏离轨道,而我们也将会被自己所吸引,理智地去处理问题,问题就自然会被很好地解决了。善于控制情绪的人会在人生博弈中占据主动。不为世事所动,我们的内心才会清澈干净,我们的人生才会精彩。

宋代人文豪苏轼在《留侯论》一文中曾说:"古之所谓豪杰之士者,必有过人之节,人情有所不能忍者,匹夫见辱,拔剑而起,挺身而斗,此不足为勇也。天下有大勇者,卒然临之而不惊,无故加之而不怒,此其所挟持者甚大,而其志甚远也。"正如苏轼所言,能够控制住自己情绪的人,通常有惊人的梦想,而正是在梦想的吸引下,他们才会控制住自己的情绪。

古时候有个人,每次和人发生争执的时候,都会跑回家绕着自己的房子和土地跑圈,累了就坐在田边休息。这个人很勤劳,后来又做了生意,房子越来越大,

吸引力旋涡：
遇见生命中的每个奇迹

土地也越来越多。可是，不管房地多大，每次他动怒的时候，都会绕着房子和土地跑上三圈。

周围的人都觉得他很奇怪，但每次问起他跑圈的原因，他都避而不答。

等到他70岁的时候，他的房子和土地已经很大了，可他生气的时候还是会拄着拐杖绕房子和地走三圈。有时候，等他走完了天都已经黑了。

孙子看到爷爷的举动，便恳求他："爷爷，您的岁数大了，别再像以前那样了。我一直想问，您为什么每次一生气都要跑三圈呢？有什么用呢？"

他经不起孙子的恳求，便说出了藏在心中多年的秘密："年轻的时候，我每次和人争吵、生气的时候，都会绕着房地跑三圈，一边跑一边想，我的房子和土地这么小，哪有时间和资格去与人生气呢？一想到这些，我的气就消了。然后，我就把时间用来努力工作。"

孙子又问了："您现在年纪大了，已经很富有了，为什么还要绕房地跑呢？"

他笑着说："现在我还是会生气啊！每次跑圈的时候，我就想，我这么多房子，这么大的土地，我何必跟人计较呢？想到这些，我就不生气了。"

不要让思想成为我们的负累，我们是思想的操纵者，而不是思想的奴隶，我们要做的就是分清主从，这样，我们的吸引力才会在思想的感染力下散发出来。正因为如此，我们才会比别人多一些机会。

好的环境能够塑造人，如果放到吸引力法则中，我们也可以说，好的思想也能成就人。好的思想是清泉，是细雨，可以滋润我们的心田，让我们找到许久未见的纯真。成功的道路就是一段不断积累的道路，而我们要做的就永远被自己的激情所感染，这样，我们在成功的奋斗路上才不会觉得累，而成功也会因此变得越来越清晰。

我们要做的每一件事都或多或少带有目的性，正是因为如此，思想的感染力才会变得非常重要。如果被积极的思想所感染，我们就会觉得奋斗的价值正在一步步实现；如果被消极的思想所感染，我们就会觉得自己每时每刻都在做无用功,而成功也将会在这种消极思想的感染下夭折。要想取得成功,就要正确看待吸引力的感染力,只要我们看到,并且善加利用,我们吸引力的光芒就会逐渐变大,照亮我们成功的前行之路。

> **吸引力法则**
>
> 　　人的思想是有能量的,思想会把遇到的事物进行分类,以此形成我们独特的思维方式,这种独特的思维方式就像是程序在运行,而编写这些程序的就是作为思想主宰者的我们。人的思想是会变化的,是随着外界环境变化而变化的,而我们要做的就是清楚地知道思想的感染力,让感染力为己所用。
>
> 　　我们要做的每一件事都或多或少带有目的性,正是因为如此,思想的感染力才会变得非常重要。如果被积极的思想所感染,我们就会觉得奋斗的价值正在一步步实现;如果被消极的思想所感染,我们就会觉得自己每时每刻都在做无用功,而成功也将会在这种消极思想的感染下夭折。要想取得成功,就要正确看待吸引力的感染力,只要我们看到,并且善加利用,我们吸引力的光芒就会逐渐变大,照亮我们成功的前行之路。

第九章
起而行之,通过实践赢得成功

成功总是留给有准备的人,如果我们总是光说不练,成功就永远不会到来。与其坐以待毙,不如马上采取行动。世上想要取得成功的人千千万,为什么成功会偏偏青睐于你?想要成功,就要早他人一步采取行动,只有如此,成功才不会忘记你。

坐而论道,不如起而行之。行动是世界上最美的语言,而行动更会为我们带来无穷的吸引力。我们要做的就是让实践去检验真理,让行动去吸引成功。只有这样,成功才会来到我们身边。

01 主动积极地面对问题

鲁迅先生在《记念刘和珍君》一文中曾写道:"真的猛士,敢于直面惨淡的人生,敢于正视淋漓的鲜血。"如果我们总是选择逃避,等待我们的,将会是现实最无情的打击;如果我们主动积极地面对问题,敢于正视自己,敢于正视世界,我们就是真正的勇者。

敢于站出来面对问题的人,就会产生吸引力,而这种吸引力会不断吸引到身边的人,让自己和别人都能感觉到你的责任感、使命感。正因为如此,你才会展现出与普通人不同的吸引力,而这种吸引力为我们带来的就是成功的青睐。

我们常常会把"责任重于泰山"放在口头上,但往往说得多做得少。既然是自己做的事情,不管是好还是坏,我们都应该勇于承担,这才是我们每个人应该做的。敢做敢当,并不仅仅停留在口头上,更应该是我们每一天身体力行去做的。而正是这种超强的责任感会让我们形成一种吸引力磁场,而这样的吸引力会不断影响到我们,让我们明白,做了就要勇于担当。

孔子说:"知错能改,善莫大焉。"如果我们出了过错,总是搪塞、掩饰,这样只会让小错变成大错。犯了错误就要勇于承担,这样,别人不仅不会嘲笑你,反而会被你的精神所折服,被你强大的吸引力所感染,而成功也会在你的人格魅力下被吸引。

勇敢站出来,我们的人生才会变得豁达,变得精彩。如果我们总是不敢承认,不仅成功不会眷顾到我们,而我们的人生也会将会因此变得苦涩。一位伟人曾说:"人生所有的履历,都必须排在勇于负责的精神之后。责任是使命,责任是动力,一个具有强烈事业心、责任感,对工作高度负责的人,才可能有强烈的使命感和强大的内在动力,才能做好本职工作,才能勇于担当;而一个没有事业心和责任感的人,是不可能勇于担当的。"人生贵在担当,我们既然做了,就要对自己做过的事情负责,这样,我们的人生才会展现出难以想象的吸引力。

虎门销烟的林则徐曾说:"苟利国家生死以,岂因祸福避趋之。"不管事情如何,既然是你的责任,你就应该勇于承担起自己的责任。伟人之所以是伟人就是因为他们有不断奋斗前行的精神和勇于担当的勇气。人生是一个自我实现的过程,而我们要做的就是承担起自己所需要承担的责任,尽到自己应该尽的义务,这样,我们才能说,我们的人生没有荒芜。

有人说,是"9·11"成就了纽约前市长鲁道夫·朱利安尼。的确,当世界贸易中心双塔倒塌时,朱利安尼第一时间赶了过来,直接或间接地下达了数百道命令,他亲自指挥在场的数百名人员进行救援活动,抢救遭摧毁的公共设施,并且前往医院慰问受伤者和罹难者的家属。他说:"我必须露面,我是纽约市市长,如果我没有出现,将对这个城市更加不利。"

在那段时间里,朱利安尼频繁出现在全国性媒体的电视画面和广播上,提供各种重要的信息给全国民众。举例而言,他号召大众进行遍及全市的反恐行动,澄清了纽约市并没有遭遇生物或化学武器攻击的迹象,他还说:"明天的纽约就将屹立于此,我们将要重建,而且我们也会变得比之前更坚强……我希望纽约市民们替全国的人民做好榜样,也替全世界的人们做好榜样,告诉他们,恐怖主义不会阻止我们的。"

在朱利安尼坚强、理智的带领下,纽约市民走过这场前所未有的变局。"9·11"灾难处理事件可以说是朱利安尼生涯中最闪亮的一刻,他临危不乱的领导能力获得了各方的赞美。从那之后,"美国市长"这一称号便一直伴随朱利安尼至今。

吸引力的魅力因为担当而变得精彩,发生的问题既然已经发生了,就已经成为既定事实了,想要改变已然是不可能了,而我们要做的就是接受不能改变的，勇于承担责任。我们不怕走错路，也不怕犯错误，而我们在事后最应该做的就是勇于承担责任，而吸引力也会因为我们勇于担当而展现出更大的魅力。

人生没有终点，有的只是不断奋斗的过程，而在奋斗过程中，我们会遇到各种各样的问题。如果我们想要解决问题，首先要做的就是学会面对问题，只有正视问题的人，才能把问题很好地解决掉。

吸引力法则之所以能够起到非常大的作用，关键就在于它会为我们指明人生的方向，告诉我们如何才能把问题解决掉，怎么样才能拥有超凡的磁场，怎么样才能走向成功。吸引力法则给我们带来的都是向上的积极思想，而这些积极思想就是我们成功的最好保障。

吸引力法则

鲁迅先生在《纪念刘和珍君》一文中曾写道："真的猛士，敢于直面惨淡的人生，敢于正视淋漓的鲜血。"如果我们总是选择逃避，等待我们的，将会是现实最无情的打击；如果我们主动积极地面对问题，敢于正视自己，敢于正视世界，我们就是真正的勇者。

敢于站出来，敢于主动积极面对问题的人就会产生吸引力，而这种吸引力会不断吸引到身边的人，让自己和别人都能感觉到你的责任感、使命感。正是因为如此，你才会展现出与普通人不同的吸引力，而这种吸引力为我们带来的就是成功的青睐。

02 分清主次，要务优先

很多人做事总是分不清主次，遇到问题，就盲目地着手去做，结果往往是事情没做成，反而把事情弄得越来越复杂了。做事不应该盲目，应该先对事情有一个全面正确的分析，这样，我们才会知道问题的关节在哪，这时，我们再去做，问题才有可能被很好地解决。

因为理想与现实存在距离，所以在很多时候，强烈的欲望会让我们变得非常性急，以至于在还没有找到解决问题的方法，就匆忙出手了。匆忙去做，太过武断地做判断——这是根本不可能成功的。我们面对问题的时候，最应该做的就是先分清主次，抓住主要矛盾，然后再去解决，这样，问题就会迎刃而解了。

主要矛盾是我们最应该关注的问题，主要矛盾是所有矛盾的根源，而我们要做的就是分析主要矛盾，从中找到解决的方法，找到合适的解决方法，我们的吸引力才会引导我们，解决掉问题，把成功吸引过来。

吸引力法则要求我们要善于运用自己的智慧，用聪明武装头脑，这样，我们才会变得理性而不是过分感性。我们常说"生活就像一团乱麻"，如果我们想要解决问题，最应该做的就是找到这团麻绳的头来，这样，问题就自然迎刃而解了。如果我们不分主次，只是盲目地采取行动，结果将是让问题加剧，这样一来，不断恶化的问题就会很难被解决了。

在生活中，我们总是看到这样的人：每天浑浑噩噩，没有目标，有饭就吃两口，有水就喝两口，虽然如此，但是他们仍然很幸福，很快乐。没有目标，没有解决问题的方法，总是为了一时的温饱而快乐的人生，我们是不是会觉得他们的人生索然无味？人既然存活于世，就要闯出属于自己的一番事业。但是，奋斗的人千千万万，为何幸运女神偏偏要降临到我们头上呢？如果无法打动幸运女神，我们要做的就是首先改变自己，我们要尽快找到解决问题的方法，我们需要成功，别人也需要成功，但是成功为什么会偏偏青睐到我们呢？这就是因为我们能够在同样短的时间里解决掉更多的问题。

著名文学家张爱玲说，"出名要趁早。"这句话说得很对，但是我们怎样才能成功呢？难道每天想想成功，成功就会到来了？这显然是不可能的，通往成功的道路没有捷径，有的只是我们脚踏实地的努力。我们要学会分析问

吸引力旋涡：
遇见生命中的每个奇迹

题,解决问题,从中吸取到经验,这样,我们才会变得成熟,而难题也就不再会是难题了。

春秋战国时期,鲁国有一个非常聪明的人,他送给宋国国君两根结得非常巧妙的绳结。宋国国君仔细观察了这两个结,发现这两个结非常牢固,很难解开。于是,国君就张贴了告示,悬赏能人异士,承诺说:"谁能解开这两个绳结,必有重赏。"

告示一出,天下能人异士纷纷来到宋国一试身手,但是他们都是盲目上手,没有一个人能够解开,众多人都是乘兴而来,败兴而归。

这时,倪说就向国君推举自己的弟子。宋国国君深知倪说不仅学富五车,而且深谙事理,于是就同意了。

倪说弟子拿到这两个绳结之后,先是放到手里,分析了一会,接着,他就拿起绳结中的一个,双手上下翻飞,过了没多久,弟子就把一条绳结解开了。国君非常高兴,让他继续解第二个绳结,弟子却久久没有动作。

国君非常奇怪,就问弟子为什么不去解第二个绳结,弟子斩钉截铁地说:"这是一个死结,根本就解不开,就算找遍天下的能人异士,也只能把它损坏,却不能解开。"

国君半信半疑,找来了设下绳结谜题的鲁国人。鲁国人听完宋国国君的描述,非常惊讶:"天下竟然有如此聪明之人,竟然能看出这个绳结是个死结,我真是自愧弗如啊!"

倪说弟子分析绳结,并不是盲目地上手,而是具体问题具体分析,理清头绪,正因为如此,他才能解开繁琐的绳结。很多事情难解决,不是因为事情本身有多么困难,而是因为有些人看到事情,不管难易,不是首先去理清思路,而是马上着手去做,这样毫无头绪,眉毛胡子一把抓,只会把简单的事情复杂化,使事情变得更难解决了。

逻辑性思维会让我们的思想产生感染力,而这种感染力也会让我们的吸引力更有穿透性,而正是因为如此,我们人性的光辉才会被展现出来。人是会思考的高等动物,如果我们处理问题的时候,总是不管三七二十一,想到什么就做什么,这样的做法只会让问题急剧恶化,就算是想要解决也是力不从心了。

　　人生不会一帆风顺,会面临各种各样的选择,不管遇到什么问题,正确有效地分析是必不可少的。我们应该不断从选择中积累经验,让这些经验为己所用,渐渐融进我们的内心,产生一种吸引力。等我们再遇到这些问题的时候,我们的吸引力就会瞬间做出回应,而问题的解决也就成了顺理成章的事情了。

吸引力法则

　　因为理想与现实存在距离,所以在很多时候,强烈的欲望会让我们变得非常性急,以至于在还没有找到解决问题方法的时候,就匆忙出手了。匆忙去做,太过武断地做判断——这是根本不可能成功的。我们面对问题的时候,最应该做的就是先分清主次,抓住主要矛盾,然后再去解决,这样,问题就会迎刃而解了。

　　吸引力法则要求我们要善于运用自己的智慧,用聪明武装头脑,这样,我们才会变得理性而不是过分感性。我们常说"生活就像一团乱麻",如果我们想要解决问题,最应该做的就是找到这团麻绳的头来,这样,问题就自然迎刃而解了。如果我们不分主次,只是盲目地采取行动,结果将是让问题加剧,这样一来,不断恶化的问题就会很难被解决了。

03　谋定而后动

　　法国作家伏尔泰说过:"没有真正的需要,便不会有真正的快乐。"为了自己的需要去追求,我们才能取得成功,才会变得快乐。追求梦想不是旦夕可成的事情,这就需要我们善于发现,善于谋划,这样,我们才能很好地规避风险,在成功

吸引力旋涡：
遇见生命中的每个奇迹

的道路上越走越平稳。

越是对成功执念专注的人，越会缺乏冷静思考，成功路上面临的选择是多种多样的，如果我们不能保持清醒，各种问题就会铺天盖地地涌到我们面前。只有善于谋划的人才能离成功越来越近，正是这种睿智让我们散发出吸引力，而正是这样的吸引力能让我们在成功的路上遇水搭桥，遇山开路，能让我们在成功的道路上越走越远。

世上只有两种人，一种是成功者，另外一种则是失败者。成功者之所以能走向成功，失败者之所以会走向失败，是因为成功者比失败者更会分析，而这种善于分析问题的能力决定了他们未来的成功走向。

孔子说："敏于行而讷于言。"这就要求我们不管是说话还是做事，都要事先想好，等到分析透彻了再去采取行动。人生就是一个不断选择的过程，选择越多，就越需要我们保持清醒。成功之所以让所有人着迷，就是因为在成功道路上的每一步都要求我们全身心地投入，这种投入会为吸引力的形成创造出一个非常好的条件。

中国从来都不缺少谋划成功的大人物，比如诸葛亮、孙膑、张良等，这些人都是中国智慧的代表性人物，他们的事迹被传颂至今，让我们现代人读起来依旧赞叹不已。智慧人物身上有着超强的吸引力，他们的一些做法一直是我们学习的榜样，就算历史潮流再变，这些人的吸引力光芒也不会消散。

三国时期，马谡失了街亭导致蜀国战况急转直下。无奈之下，诸葛亮只得转攻为守，把大批人马调回汉中，然后再作长远打算。

当时，蜀军的粮草都屯在一个名叫西城的小县里。大军撤退时，诸葛亮不愿放弃这些粮草，于是亲自带了3000人马去西城，打算把粮草一并运回汉中。但是，天有不测风云，就在这时，司马懿亲率15万大军兵临城下。3000对15万，这仗怎么打？城内的兵将听闻这个消息后，都不寒而栗。

诸葛亮斟酌再三，果断下达命令："把城里的军旗放倒，所有士兵坚守城池。

如果有人敢擅自出城，擅自喧哗，定斩不赦！"不仅如此，诸葛亮还吩咐兵士打开四面的城门，每一扇城门外都派20名乔装成百姓的士兵，装作若无其事地扫街。

安排就绪，诸葛亮头戴方巾，身披鹤氅，带着两名琴童，背着琴登上了城头，摆出一副镇定自若的样子。一边抚琴，一边饮酒。

司马懿的先锋部队来到了城外，看到诸葛亮在城上从容地抚琴，城门外的百姓也非常镇定。先锋部队心里就开始打鼓，这是什么情况？因为害怕中了诸葛亮的埋伏，先锋部队便停在了城下，等待司马懿到达之后再做决断。

司马懿也并非等闲之辈，他同样是一位精通音律的大将。当他听到诸葛亮琴声中没有一丝慌乱，有的只是淡定和从容的时候，不由得心中大为惊讶。司马懿认为诸葛亮的援兵已经到了，就马上调转马头，退回了魏国。

诸葛亮看见司马懿大军退去，大笑一声，对手下解释道："司马懿平素非常谨慎，他知我也是如此。如今我安坐城上，从容抚琴。曲调悠扬，没有错误。他不知我们的虚实，就只好退兵了。"

诸葛亮的聪明之处就在于他事先分析了司马懿的性格，他知道司马懿是一个谨慎多疑的人，而诸葛亮就是利用了他的这一点，在空城上安之若素地弹琴，曲调不乱，让司马懿摸不着头脑，谨小慎微的司马懿只好选择了退兵求安。诸葛亮的强大吸引力也感染到了他身边的两名琴童和士兵，他们在诸葛亮的吸引力下也变得稳如泰山，正是有了诸葛亮智慧的吸引力，才能导演出"空城抚琴退司马"的好戏。

吸引力不需要外界的刺激，但是如果有积极的思想去刺激，吸引力就会发出更大的光芒。如果想要影响到别人，我们就要先影响自己。一屋不扫，何以扫天下？所以，我们最应该做的就是先在思想方面谋划好自己的成功道路，这样，我们的人生才会变得精彩，而吸引力也会受到感染，就会变得更加强烈。

想要走向成功，就要先把自己摆到成功的位置上。因为我们拥有成功的信心，我们的人生才会充满希望。如果想要成功，我们最应该做的就是分析自己，分析过去，分析现在，分析未来。只有不断分析，不断谋划，我们才能让成功路上的风险系数降为最低，而幸运女神也会因为我们的合理分析而降临到我们头上。

> **吸引力法则**
>
> 　　法国作家伏尔泰说过："没有真正的需要，便不会有真正的快乐。"为了自己的需要去追求，我们才能取得成功，才会变得快乐。追求梦想不是旦夕可成的事情，这就需要我们善于发现，善于谋划，这样，我们才能很好地规避风险，而我们的人生也会在成功的道路上越走越平稳。
>
> 　　想要走向成功，就要先把自己摆到成功的位置上，这样，我们的人生才会充满希望。如果想要成功，我们最应该做的就是分析自己，分析过去，分析现在，分析未来。只有不断分析，不断谋划，我们才能让风险系数变为最低，这样，幸运女神才会降临到我们头上。

04 永远走在成功的路上

　　在人生道路上不管发生什么事，事情终究会过去，我们要做的就是相信自己，看清脚下的路，一步一个脚印，坚定地走下去。我们无法选择出身，也无法选择死亡，我们只能选择人生的过程。无论如何，人的一生终将走到尽头，我们要做的就是不断向成功迈进，告诉自己成功的道路就在我们脚下。

　　人生有高潮就会有低谷，我们要告诉自己不因失败而气馁，不因成功而骄傲。因为人生并没有因为成功或者失败而终结，成功或者失败只是一个新的起点。我们要做的就是朝着成功的方向不断前进，不要因为一时的得失忘记了自己的最终目标。

我们渴望成功，希望自己永远不会偏离成功的轨道，希望自己在梦想的方向上永远前进。而这种不断的坚持就会产生强大的吸引力磁场，吸引力磁场就会产生强大的助推力，让我们在成功的路上快速前进。

看清脚下的路，我们才会清楚地知道自己的未来在那里。只要我们行进在成功的路上，就是在给自己进行积极的心理暗示。因为只要自己一直都在路上，就不会让希望远离自己。人生的舞台不在于多大，关键就在于是否适合你，你要清楚的是，自己的双脚是否已经站稳，是否发挥了你人生的最大潜力，是否在成功的路上越走越远。

成功只留给有准备的人，就算明天是世界末日，就算我们没有成功，我们也要倒在成功的路上。人生就是一个奋斗的过程，即使我们不能成功，也要尽自己最大努力去实现自己的价值，这样，我们才可以对自己说，我的一生没有虚度。

中兴汉朝的光武帝刘秀靠武力得到了天下，而治理国家时却是依靠法令。虽说是王子犯法与庶民同罪，但是约束皇亲国戚，这些法令就体现出它无力了。

刘秀的大姐湖阳公主就是一个不遵法令的典型。她仗着自己是刘秀的姐姐，简直为所欲为。不仅是她，就连她的奴才也是如此。

任当时，满朝文武中只有一个铁骨铮铮的汉子，他叫董宣。在他的眼里，法令是绝对高于特权的。

有一次，湖阳公主的奴才行凶杀人之后，就躲在府里不出来。如果换了别的官员来主管这件事，这个家奴在府里躲一阵，事情也就不了了之了。但这次，他碰上的是董宣。依照法令，董宣是不能随便去公主的府里搜查的。于是，他索性就为公主看起门来，守株待兔，等着那名奴才出来。

过了一阵，湖阳公主外出，这名奴才跟着公主出行。董宣闻声后，马上就赶了

吸引力旋涡：
遇见生命中的每个奇迹

过来，拦住了湖阳公主的马车。

湖阳公主当即大怒："你好大的胆子，你也不看看我是谁，竟然敢拦我的马车？"

董宣毫不畏惧，把手中佩剑拔了出来，对公主说："你不应该纵容家奴行凶杀人，这触犯了国家的法令！"董宣当即下令把那名奴才绑了起来，并就地处决了。

湖阳公主气得门也不出了，当即去向光武帝哭诉。光武帝听完之后也非常生气，就传召董宣进宫，准备当着公主的面责骂他一番，给公主出气。

没想到董宣却说："陛下，请您先不要责备我。等我把话说完之后，就算是马上死在陛下面前，我也心甘情愿。"

光武帝问："你想说什么话？"

董宣说："皇上是一位明君，自然知道法令的重要性。如果法令只约束臣民，对皇亲国戚却没有约束力的话，国家还成什么样子？现在公主的家奴行凶杀人，如果不处决他，怎么能堵住天下的悠悠之口？'防民之口，甚于防川'啊！"

董宣说完就向宫内的柱子撞去，等到被内侍拦住的时候，董宣已经血流满面了。

光武帝觉得董宣说得对，但为了顾全公主的面子，就让董宣给公主磕个头道个歉。但是董宣却不买账，死都不愿意磕头。

这时，内侍就按住董宣的头，想强制让他磕头，但却奈何不了董宣。内侍只得说："他的脖子太硬，我们按不下去！"

光武帝只是笑笑，就让内侍把董宣拉了出去。

最后，光武帝不仅没有治董宣的罪，反而赏给他了30万钱作为奖励。"强项令"董宣也从此名垂青史。

"强项令"董宣坚决地用自己的脖子维护了法律，因为他知道，如果自己不坚持就会失败，而法律也就成了一纸空文。

人生因为奋斗而光彩夺目，没有奋斗的人生就像是枯黄的野草一样，没有一点生机。成功因为很难实现，所以才显得珍贵。吸引力法则因为强大才被人重视。既然渴望成功，我们就要不断追寻，就算成功的道路再艰险，我们也要用信念铺平成功的道路,也要用自己的双脚丈量出成功与现实的距离。

想成功就要先付出,世界上没有免费的晚餐。吸引力需要我们和成功相互吸引,这样,我们才会离成功更近。人的一生没有长短之分,有的只是我们在成功路上不断奋斗的身影。成功的道路已经为我们展开,起跑线也已经开始,我们何不放开手脚,搏上一搏呢?

吸引力法则

> 在人生道路上不管发生什么事,事情终究会过去,我们要做的就是相信自己,看清脚下的路,一步一个脚印,坚定地走下去。我们无法选择出身,也无法选择死亡,我们只能选择人生的过程。无论如何,人的一生终将走到尽头,我们要做的就是不断向成功迈进,告诉自己成功的道路就在我们脚下。
>
> 想成功就要先付出,世界上没有免费的晚餐。吸引力需要我们和成功相互吸引,这样,我们才会离成功更近。人的一生没有长短之分,有的只是我们在成功路上不断奋斗的身影。成功的道路已经为我们展开,起跑线也已经开始,我们何不放开手脚,搏上一搏呢?

05 坚持走下去,成功才会露出曙光

《道德经》中说:"合抱之木,生于毫末;九层之台,起于累土;千里之行,始于足下。"意思是合抱的粗木,是从细如针毫时长起来的;九层的高台,是一筐土一筐土筑起来的;千里的行程,是一步一步迈出来的。人生就是一个

吸引力旋涡：
遇见生命中的每个奇迹

不断坚持的过程，谁放弃，谁就会失去成功的机会。机会对于每个人来说都是均等的，关键就在于我们在成功的路上能坚持多长时间，谁的意志力强大，坚持到底，谁就能取得成功。吸引力也是如此，我们只有不断坚持，吸引力的光芒才能源源不断地展现。

人生中总是有很多无可奈何，但是又有很多机遇，正是因为人生的不可知，所以我们才会愿意做好准备，去体会人生的精彩。坚持就是持之以恒的努力，只有不断奋斗，对未来充满希望的人，才能找到梦想与现实的切合点。

《荀子·劝学》中说："骐骥一跃，不能十步；驽马十驾，功在不舍。"意思是千里马的一跃，却还不到十步远；而老马走一步虽没多远，但它却能坚持下去，直至到达终点。坚持是我们走向成功的必备品德，我们做事情就要有始有终。世界上只有一种失败，那就是半途而废。只要我们咬紧牙关，不断坚持，我们的成功道路就会变得坦荡，而我们的未来也会变得一片光明。

法国著名化学家巴斯德说："告诉你使我达到目标的奥秘吧，我唯一的力量就是我的坚持精神。"任何伟大的事业，如果想要成功，就要坚持不懈地去努力，如果半途而废，迎接你的将会是无底的深渊。其实，成功没有秘诀，贵在坚持不懈。人生中最容易的是坚持，因为人人都能做到；人生中最难的事情也是坚持，因为能真正坚持下来的人只是少数。

盖瑞是个苏格兰人，在乡下开了一间小小的杂货铺。平日里，光顾小店的人并不多，东西卖得也很慢。一次，盖瑞向伦敦的一家靛青厂订购了"40磅"货物，这些东西足够他卖上好几年了。可是，他的订单在供货商那里被却写错了，变成了"40吨"。供货商知道盖瑞是个有信用的人，于是决定给他发40吨靛青。

可怜的盖瑞一下子惊呆了。整整一个星期，他焦急地四处奔走，询问该怎么办。他想尽了靛青的所有用法，想办法去推销。可是，那是40吨的靛青啊！虽然问题很严重，可盖瑞还是尽量保持着耐心和冷静。

有一天，盖瑞的店里突然来了一位衣衫整洁的男士，坐着两匹马拉的大马车从伦敦到乡下来，找到盖瑞住的地方。男士对盖瑞说，伦敦的公司知道他们自己犯了个错误，他就是被派来处理此事的，他们可以运回已经发出的靛青，并且将付给盖瑞运费。

盖瑞心想："如果没有什么益处的话，他们是不会特地派个人来专门处理此事的。"于是，盖瑞坚持说，他要的就是40吨靛青，没有弄错。

男士有些尴尬，他提议找个小酒店，边喝边谈。盖瑞平日很喜欢喝酒，但此时的他却控制住了对美酒的喜爱，他知道自己必须保持清醒的头脑，于是就婉言拒绝了。

接下来，男士用了各种各样的方法，试图与盖瑞谈谈，但盖瑞对那位男士说："如果你以为苏格兰人不知道自己在做什么的话，那就大错特错了。"

这一次，男士失去了自制，说出了真相："事实上，我们得到了一个大得多的靛青订单，我们的现货不够，为此，我们可以给你500英镑的补偿来发回你的靛青，另外运费仍然由我们承担。"盖瑞摇头，他想看看对方的底限到底是多少。

男士提出的另一个价钱也被盖瑞拒绝了。最后，男士完全失去了自制，把公司给他的指令和盘托出，说："你这顽固的老头，5000英镑，我最多能给这个价！"盖瑞平静地接受了，虽然他内心很是欢喜。

原来，西印度群岛的农作物歉收，但是当地政府的军队需要蓝色颜料来染军服，因此迫切需要购买大量的靛青。结果，盖瑞因为非凡的自制力而发了一笔横财。

意志力坚定，愿意坚持的人，必然会收获成功。人生没有失败者，只有对自己不负责任的人。人生最美好的事情，莫过于为了梦想而奋斗，难道我们不觉得为了梦想而奋斗非常美好吗？人生贵在坚持，你要怀有梦想，并坚持去完成，你就会实现。

在成功的道路上，我们更应该坚持不懈，因为只有不断坚持，我们的潜意识才会被坚持的信念所感染，有了这样的推动力，我们的人生才会变得精彩，未来才会变得一片光明。

富丽堂皇的建筑物都是由一块块毫不起眼的石块砌成的，这些石块虽然很不起眼,但是一块一块累加起来,它们就砌成了不同凡响的建筑物。人生就是如此,只要我们坚持,按部就班地去努力,就会看到光明的未来。

> **吸引力法则**
>
> 人生就是一个不断坚持的过程,谁放弃,谁就会失去成功的机会。机会对于每个人来说都是均等的,关键就在于我们在成功的路上能坚持多长时间,谁的意志力强大,坚持到底,谁就能取得成功。吸引力也是如此,我们只有不断坚持,吸引力的光芒才能源源不断地展现。
>
> 富丽堂皇的建筑物都是由一块块毫不起眼的石块砌成的,这些石块虽然很不起眼,但是一块一块累加起来,它们就砌成了不同凡响建筑物。人生就是如此,只要我们坚持,按部就班地去努力,就会看到光明的未来。

06 意志力,让成功更有意义

如果我们想要在成功路上一直走下去,我们需要什么?坚持。如果我们想要在成功路上坚持走下去,我们需要什么?意志力。如果想让我们脚下的路变得更坚实,我们就需要拥有超乎想象的意志力。奋斗的道路是崎岖的,危险的,如果我们没有超凡的意志力,是不可能迈向成功的。

意志力是我们获得成功的源泉,它在一定程度上决定了我们吸引力的强弱。我们常常会看到一些才华横溢的人,当他们走到人生的尽头,却还是一事无成。这是因为他们缺乏意志力,面对困难的时候,很轻易就被打败了。不该放弃的时候选择了放弃,该奋发图强的时候却缺乏意志力,事后,就只能感叹"人生无奈空回首,失败已然成定局"了。

我们要做的就是不断培养自己的吸引力,让吸引力影响我们的潜意识,不断提高我们的意志力,这样,我们的意志力才会为我们赢得越来越多的财富。意志力创造了人,也在控制人。遇到挫折失败的时候,我们要学会在跌倒的路上站起来,不要为了一点小困难而放弃掉自己的信仰。成功的人生来源于意志力的不断积累,而积累起的强大意志力会让我们的吸引力增强,而我们的奋斗路上也会充满奇迹。

林肯在成为总统之前,根本交不出一张可以炫耀的履历表:7岁时家里没有了房子,他被迫出去打工;9岁时母亲去世;22岁与人合伙做生意,3年后同伴死去,留下他一人多年来还债;26岁时恋爱了,但爱人心绞痛去世;28岁时向另一位女子求婚遭到拒绝;37岁时第三次参选才选上国会议员;39岁时参选国会议员连任失败;40岁时想在自己州内担任土地局长,遭到拒绝;41岁时他失去自己4岁的爱子;45岁时竞选参议员失败;47岁时竞选副总统失败;49岁时竞选参议员失败;51岁,成为美国总统。

林肯是意志力超强的人,就算失败了,他也在坚持。他知道,失败只是命运对自己的考验,绝不是对人生的彻底否定。人生之路并不都是坦途,反而是歧路多一些,但是命运因为眷顾你,才会给你一次又一次的考验,只有经得起考验的人,才能体会到即将到来的成功有多大价值。

人生中的打击是生命乐章的插曲,失败不意味着成功的消失,而意味着成功的刚刚开始。意志力之所以伟大,就在于它能左右一个人的成败,而意志力的强弱正是我们潜意识的一种体现。如果我们能被意志力所吸引,那么,通往成功的道路将会因为我们拥有超强的意志力而变成坦途。

成功路上的每一步,我们都要小心谨慎地迈进,不能松懈,我们要知道,成功需要意志力的催化,更需要吸引力的指引。如果我们有些许的松懈,就会遭受到命运无情的惩罚。我们要做的就是坚定自己的步伐,一往无前地走下去，天空再黑暗，成功的希望再渺茫，我们也要且歌且行，在嘹亮的歌声中迎接胜利的到来。

> **吸引力法则**
>
> 意志力是我们获得成功的源泉，它在一定程度上决定了我们吸引力的强弱。我们常常会看到一些才华横溢的人，当他们走到人生的尽头，却还是一事无成。这是因为他们缺乏意志力，面对困难的时候，很轻易地就被打败了。不该放弃的时候选择了放弃，该奋发图强的时候，却缺乏意志力，这样的结果只会让我们走向深渊。
>
> 成功路上的每一步，我们都要小心谨慎地迈进，不能松懈，我们要知道，成功需要意志力的催化，更需要吸引力的指引，如果我们有些许的松懈，就会遭受到命运无情的惩罚。我们要做的就是坚定自己的步伐，一往无前地走下去，就算天空再黑暗，就算成功的道路再渺茫，我们也要且歌且行，在嘹亮的歌声中迎接胜利的到来。

07 行动是世上最美的语言

美国得克萨斯大学认知心理学家阿特·马克曼博士曾经说："假如你只经过行动来通知他人你的目的，你的行动力就会比较强；假如你还有其他方式来通知他人你的目的，你的行动力就会削弱。因而，假如你准备做成一件大事，最好只做不说。"我们每个人都应该如此，与其做事之前向世界宣布，不如低下头马上采取行动。

有些人在做事之前,总是习惯把自己的想法说出来,觉得这样可以增加成功的机会,但是事实却恰好相反。行动是世上最美的语言,与其空口说白话,不如把时间和精力都放到行动上,只有少说多做,我们才有能取得成功。

行动力超强的人,会自然而然地散发出吸引力,这种吸引力不仅可以影响到自己,更能让自己努力奋斗的目标更加清晰。目标不是轻而易举就能实现的,而是需要我们静下心来,调整好自己,努力奋斗才能实现的。我们形容一个人的时候,常常会说他"行动如风",事实上,快而有效的行动不仅会带来风,而且能带来吸引力。吸引力会在我们行动的时候不断影响我们,影响到我们的潜意识,让目标成为我们不断吸引的对象,使我们在达成人生目标的道路上坚持不懈地走下去。

美国纽约大学心理学教授彼得·高尔维泽曾经说过:"人们公开宣称自己的目标反而不容易成功。"如果我们把目标说给别人,就会削弱我们奋斗的心;而如果我们把目标写在纸上或者是暗暗记在心底,尽快地采取行动,目标就会更加容易实现。

有一个人在确定目标之后,每时每刻都告诉自己要马上行动,因为他知道,行动才是成功的先行者。这个人的职业是美国海岸警卫队的一名厨师,最开始的时候,他帮助同事们写情书,坚持一段时间之后,他发现自己已经喜欢上了写作。于是,他又为自己定下了一个更长远的目标,他要在3年时间里写出一本长篇小说。

他知道,时不我待,应该马上采取行动。每天天黑后,同事们都去娱乐了,只有他躲在屋子里,拿起笔,不停地写写画画。8年之后,他才在杂志上发表了自己的第一篇小说,虽然稿酬仅仅是可怜的100美元。但是他没有气馁,他看到了自己的潜能,更加坚定了写长篇小说的信念。

退役之后的他依然笔耕不辍,但是因为没有固定工作,再加上稿费少得可怜,他手上的钱甚至连一天的温饱都无法满足,但是他仍然坚持,他相信,自己一定能取得成功。有一个朋友给他介绍了一份政府部门的工作,但却被他婉言谢绝

吸引力旋涡：
遇见生命中的每个奇迹

了，他说："我的梦想是成为一名作家，所以，我必须坚持，每天都要不停地写作。"

就这样，12年匆匆而过，他忍受了常人难以想象的折磨，终于写出了自己梦想中的那本书。12年的不断坚持，他的手指因为写书已经变形了，而他的视力也因为伏案写书下降了很多。

他的小说引起了世界的关注，书籍销售量大得惊人，不仅如此，这本小说还被改编成了电视剧，创造了电视收视历史上的最高记录，而他也因此获得了当时美国新闻界的最高荣誉——普利策奖，收入一下子就超过了500万美元。

这位坚持不懈的作家就是亚历克斯·哈利，而这本小说就是非常出名的《根》。

成名之后的哈利说："取得成功的唯一途径就是'立刻行动'，努力工作，并且对自己的目标深信不疑。世上并没有什么神奇的魔法可以将你一举推上成功之巅，你必须有理想和信念，遇到艰难险阻必须设法克服它。"

会说话的人不一定真的有能力，有能力的人一般都是采取行动，并且持之以恒去努力的人。哈利就是如此，他很少和别人说出自己的梦想，但是他的内心因为这个梦想在不断燃烧，所以他才功成名就，被众人所熟知。

积极的行动可以让我们的周围产生吸引力，有些事情根本不需要说，但是只要我们去做，我们就会发现，其实，我们离梦想很近很近。桃李不言，下自成蹊。人也是如此，少说多做才是成功的不二法门。为什么成功者的吸引力不会断绝？主要就是因为他们把自己要说的话全都付诸行动了。

说到不如做到，美国著名成功学大师杰弗逊说得好："一次行动足以显示一个人的弱点和优点是什么，能够及时提醒此人找到人生的突破口。"但凡成功的人都是坚持不懈的行动大师，他们用自己的坚持和汗水书写出了一段又一段传奇。

既然我们想要实现梦想，想要到达成功的彼岸，我们要做的就是马上采取行动，这样，我们的人生才会因为行动而变得精彩。行动能让一个人的自信更强烈,能让一个人的吸引力更强大。如果你想要取得成功,那就马上采取行动吧!

> **吸引力法则**
>
> 　　美国得克萨斯大学认知心理学家阿特·马克曼博士曾经说:"假如你只经过行动来通知他人你的目的,你的行动力就会比较强;假如你还有其他方式来通知他人你的目的,你的行动力就会削弱。因而,假如你准备做成一件大事,最好只做不说。"我们每个人都应该如此,与其做事之前向世界宣布,不如低下头马上采取行动。
>
> 　　既然我们想要实现梦想,想要到达成功的彼岸,我们要做的就是马上采取行动,这样,我们的人生才会因为行动而变得精彩。行动能让一个人的自信更强烈,能让一个人的吸引力更强大。如果你想要取得成功,那就马上采取行动吧!

第十章
营造热情磁场,构建幸福家园

在人生的道路上,我们总会遇到各种各样的苦难,对此,我们要做的就是保持清醒的头脑,看到苦难背后的那一缕阳光,驱除苦难的阴霾,让成功的光亮继续照亮我们的人生。

吸引力的磁场因为热情而富有活力,我们要做的就是保持对成功的执著追求,只有如此,吸引力才不会从我们身边消失。做好自己,不迷失方向,吸引力的磁场才会变大、变强,而我们的人生也会因此奔向幸福的前方。

01　苦难是一笔财富

　　人生总是难免会面对苦难，面对厄运，但是面对这些困难，每个人的表现却是不尽相同：有的人被困难击倒了，从此一蹶不振；而有的人却是以淡定从容的心态，对人生的风雨一笑置之。两种截然相反的态度，让我们看到了两种不同的人生走向。相比之下，后者的人生往往更豁达，后者往往更能取得常人能以想象的成功。

　　人生本来就不会永远都是顺境，我们要做的不是去改变世界，而是改变自己。面对人生的逆境，既然我们无法改变，就要学会接受。面对逆境，我们更要学会及时转换角度，把事情看淡，让事情往好的方向发展。不幸的事情已经过去，已然成为了历史，与其悲观厌世，不如乐观快乐地活着，只有如此，我们的吸引力才会及时被释放出来，驱走苦难，迎来美好的明天。

　　俗语说："吃得苦中苦，方为人上人。"人生本来就是一个经受历练的过程，关键在于我们以什么样的心态去面对。既然无法避免，多想也是徒劳的，何不放下，淡看苦难呢？看得淡了，我们就会觉得苦难不再是苦难，而是我们乐观心态的调味品，而只有品尝过苦难的人，才能体会到成功的甘甜。如果人生都是顺境，我们就不会知道成功有多大的价值了，正是因为有了逆境、失败的对比，我们才会知道人生百味，才会懂得珍惜。

　　人的一生苦乐参半，没有永远的快乐，也没有永远的悲伤，这些都取决于我们对世间万物的看法。如果我们淡然一些，乐观一些，以一种平常心去看待世间万物，我们的心境就会变得坦然，就不会再为世间俗事所累了。

　　吸引力法则需要我们拥有积极的心态，而积极的心态会改变我们对世间万物的看法。人生的价值体现在我们对梦想的执著追求,对美好生活的向往上。如果我们的心态是积极乐观的,那么,我们就会觉得每一天都是节日,每一天都有新的希望。我们的内心只有被乐观的情绪填满,我们才会发现人生的美好,做起事来也不会有累的感觉了。

王永庆小时候家里十分贫穷,由于他在兄妹中排行老大,从小就担负着繁重的家务。6岁起,他每天一大早就起床,赤脚担着水桶,一步步爬上屋后200多级的小山坡,再赶到山下的水潭里去汲水,然后从原路再挑回家,一天要往返五六趟,十分辛苦。

小学毕业后,为了维持一家人的生计,王永庆没有继续去上初中,而是来到嘉义一家米店当学徒。干了大概一年的时间,父亲见小永庆有独立创业的潜能,就向亲戚朋友借了200块钱,帮他开了一家米店。

米店虽小,但对于王永庆而言,这是他人生中第一份自己的"产业",所以经营起来特别精心。为了建立客户关系,他用心盘算每家用米的消耗量。当他估计某家的米差不多快吃完的时候,就主动将米送到顾客家里。这种周到细致的服务一方面确保了那些老主顾家里从来不会断米,给顾客提供了方便,另一方面为自己赢得了好评。那些老弱的顾客对此感激不尽,自从在王永庆的米店买过米后,他们就再也没到别家去过。

为增加利润,王永庆减少了从碾米厂进货这一中间环节,添置了碾米设备,自己碾米卖。在王永庆经营米店的同时,他的隔壁有一家日本人经营的碾米厂,一般到了下午5点钟就要停工休息,但王永庆则一直工作到晚上10点半。结果,日本人的业绩总落后于王永庆。

正是由于从小培养起来的吃苦耐劳精神,王永庆后来在经营台塑企业时得心应手,即使遭遇挫折,也能坦然面对。王永庆曾深有体会地说:"'吃得苦中苦,方为人上人',我成功的秘诀就是四个字——吃苦耐劳。"

吃苦是不是一种幸福,关键就在于我们内心是否有梦想。如果我们心中

吸引力旋涡：
遇见生命中的每个奇迹

有梦想，有目标，那再苦再累的事情，我们也会觉得是幸福的。人因为有梦想，有目标，才会激发出自己的潜能，焕发出自己的热情，而苦难的价值也会因此变得更加珍贵。

美国小说家海明威曾说："生活总是让我们遍体鳞伤，但到后来，那些受伤的地方一定会变成我们最强壮的地方。"正是因为历经苦难，我们才能在苦难中看到希望；正因为经历过人生的磨炼，我们才看清人生中的得与失。

我国古代先哲孟子曾说："故天将降大任于斯人也，必先苦其心志，劳其筋骨，饿其体肤，空乏其身，行拂乱其所为，所以动心忍性，曾益其所不能。"但凡成大事者，都是经历过苦难的人，他们坚信，苦难是一笔财富。他们凭借自己强大的吸引力磁场，让自己不断向着成功迈进。而正是这种坚忍，让他们在人生路上取得了一个又一个成功。

> **吸引力法则**
>
> 我国古代先哲孟子曾说："故天将降大任于斯人也，必先苦其心志，劳其筋骨，饿其体肤，空乏其身，行拂乱其所为，所以动心忍性，曾益其所不能。"但凡成大事者，都是经历过苦难的人，他们坚信，苦难是一笔财富。他们凭借自己强大的吸引力磁场，让自己不断向着成功迈进。而正是这种坚忍，让他们在人生路上取得了一个又一个成功。

02 让自己在苦难中变得积极

有些人往往把别人的成功归结为运气，总是认为自己正在经历的苦难是造物者对自己的虐待。但是事实并非如此，事业成功的人都是因为认识到了吸引力的强大力量，所以，不管他们面对什么事情，都会以积极乐观的态度去面对，因此他们赢得了苦难之后的成功。失败并不可怕，可怕的是在失败的路上倒下。有些人被苦难击倒，看不到成功的光亮，原因就在于这些人常常怨天尤人，没能在苦难中采取积极的对策来应对，以至于真的彻底失败了。

乐观积极的心态是我们潜意识中的神秘力量，这种力量就是吸引力，正面的吸引力会给我们一个向上的力量，会在我们的思想里不断提醒我们，下一秒钟就是一个转机。正是因为有了积极吸引力的支撑，我们的人生才会变得精彩。

人生总是苦多乐少，但是为什么有的人会觉得人生都是美好的呢？那是因为他们有奋斗的动力，因此付出的多，得到的也就会越多、越大。有些人认为每天衣食无忧就足够了，这些人就会随着时间的流逝丧失掉了为成功奋斗的成功与激情。苦难也会有害怕的对象，苦难害怕永远都充满激情的人，就算是天塌了下来，充满激情的人也会昂首挺胸，笑看波谲云诡。

每一道苦难的枷锁背后，都有一把打开它的钥匙，关键在于我们愿不愿意坚持走下去，去找到这把打开苦难枷锁的钥匙。如果没有人生的苦难，我们又怎么能体会到现在生活的来之不易呢？积极的心态是我们成功的巨大推动力，它可以增强我们的吸引力，让我们达到别人难以达到的高度。

诚然，我们都喜欢躲在自己的圈子里，躲在"安全区"里，不想出来，不想经历苦难，也不想被失败所打垮。但是越是如此，人生的苦难就越会接踵而至，机会也会在你害怕的时候，与你擦肩而过。人生就要善于发掘自己的力量，不能让自己的消极情绪左右自己，这样，我们才能找到成功的方向，认清自己脚下的道路。同时，苦难也就会被我们所感染，在不知不觉中消失。

汉朝大将韩信在成名之前非常穷苦，经常没有饭吃，甚至要靠别人的接济才能生活。

韩信有一个亭长朋友，在南昌亭当差，平时的工作就是抓捕强盗，也喜欢舞

吸引力旋涡：
遇见生命中的每个奇迹

刀弄棒。此人和韩信关系非常好，两人是无话不谈的朋友。韩信闲来无事，就去帮助亭长抓捕强盗。亭长为了表示感谢，就把韩信带到家里吃饭。但是，一天两天还可以，时间一长，亭长的妻子就看不下去了，觉得自己家平白无故多了一张嘴，感到很不舒服。

有一天，亭长和他的妻子早早起床，做完早饭径自吃上了。等到韩信来了之后，发现已经没饭吃了。韩信当时并没有表现出任何的不满，只是默默地走开了。自此之后，韩信就和亭长断绝了往来，开始了四下流浪的生活。

一次，淮阴城下面有一位洗衣服的妇女见韩信可怜，就好心把自己手中的食物分一半给他吃。韩信非常感动，就对这位好心人说："等我以后成功了，会用百倍钱财回报你！"

好心妇女却说："我帮助你，难道就是为了你的回报吗？你这么说，就太瞧不起我了！"

韩信一直记着这位在自己困难时曾帮助过他的妇女。

有一天，韩信在集市中闲逛，一群不良少年拦住了韩信。其中一个少年想要和韩信比试武功，如果韩信不敢的话，就从少年的胯下钻过去，并且还要学两声狗叫，否则他们就不放韩信过去。

韩信看到这个少年比自己高出一头，而且看上去身体非常强壮，韩信心想：如果比武，自己肯定会失败；但如果执意不答应而把对方惹急了，自己肯定也会吃大亏。考虑再三，韩信决定认输，并且当着所有人的面学着狗叫，从少年的胯下钻了过去。最后，这帮不良少年大笑着离开了。

可谁也没想到，就是这样一个能忍得了胯下之辱的人，日后竟成为了一代王朝的开国功臣，尊荣显贵。公元202年，汉朝建立，刘邦因韩信在追随自己南征北战时屡建奇功而封他为楚王。

百忍成钢，人生就是一个不断磨炼的过程。如果我们拥有好习惯，面对苦难的时候，强大的吸引力就会战胜苦难，让我们在苦难背后，取得一个又一个成功;如果我们拥有坏习惯,面对苦难的时候,积极的吸引力还没来得及发挥作用,吸引力的反力就会把我们打倒,在苦难面前,我们就会显得弱不禁风。

我们羡慕别人的时候,往往看到的只是别人表面上的成功,而没有发现他们的内在品质。不管是在生活还是在工作中,积极乐观的态度总是能让我们看到苦难背后的成功,总能让我们获得意外的收获,正因为如此,我们才能挣脱出失败的泥沼,走向成功的彼岸。

吸引力法则

每一道苦难的枷锁背后,都有一把打开它的钥匙,关键在于我们愿不愿意坚持走下去,去找到这把打开苦难枷锁的钥匙。如果没有人生的苦难,我们又怎么能体会到现在生活的来之不易呢?积极的心态是我们成功的巨大推动力,它可以增强我们的吸引力,让我们达到别人难以达到的高度。

我们羡慕别人的时候,往往看到的只是别人表面上的成功,而没有发现他们的内在品质。不管是在生活还是在工作中,积极乐观的态度总是能让我们看到苦难背后的成功,总能让我们获得意外的收获,正因为如此,我们才能挣脱出失败的泥沼,走向成功的彼岸。

03 放松自己,赢得成功

人生要学会自我估计,别人认为好的不一定就好,只有适合自己的才是最好的。放松自己,卸下内心的包袱,吸引力才会在我们的心底开出花来。我们常

吸引力旋涡：
遇见生命中的每个奇迹

说，人生就是一个不断寻找的过程，但是寻找的道路是漫长的，我们要给自己留下喘息的时间。适当的喘息会为我们积蓄到更多的吸引力，只有如此，我们才能厚积而薄发。

我们每个人都希望别人多给自己一些鼓励，总想争第一，想要独占鳌头，鲜花和掌声数次出现在眼前，让闪光灯永远围着自己转。但我们仅仅是这样想，却没有去为此努力，结果自己的世界依然一片黑暗。

虽然我们常说视名利金钱如粪土，但是我们很少有人能超然世外，我们还是会赚钱，还是会追名逐利。欲望和淡然是不同的两个概念，我们要做的就是学会放松自己，不要被光环所麻痹。既然有人成为英雄，就会有人坐在路边为英雄鼓掌。人生不是雷同的，每个人都有自己的活法，如果我们总是强加意志给自己，总是想追求一些虚无缥缈的东西，那么，我们不仅会身心俱疲，而且还会被自己的强烈占有欲所击倒。

吸引力需要我们找到切实际的目标，而不是虚无缥缈的东西，未来很遥远，而我们要做的就是学会自我调节，不为生活所累。我们是生活的主动者，而不是生活的奴隶，我们要做的就是放松自己，停下脚步，学会静下心思考，而我们的吸引力也会因为我们的放松而变得更有光彩。

人生之所以让人期待，是因为人生充满了未知的行为，我们不能把自己的主观意愿强加到未知之上，我们要做的就是客观实际地评价自己，然后再去找寻人生的方向。三百六十行，行行出状元。我们不能因为别人成功，而幻想自己在那个位置也会成功。如果我们想要成功，我们就需要学会放松，我们不是上紧发条的机器，不可能一天24小时都在工作。

如果我们暂时无法取得成功，却又想过安宁和放松的生活，我们的吸引力就会互斥，让我们无法静下心来奋斗。面对这种情况，我们要告诉自己不要着急，要学会放松，只有这样，我们的人生才不会迷失方向，而这一积极的心态，还会在一定程度上对我们吸引力进行刺激，促使其发展壮大。

每个人都有属于自己的路,条条大路通罗马,所以我们不要羡慕别人的康庄大道,也不要为自己的狭窄小路而悲伤。不管人生走向如何,我们要做的就是走好自己的每一步,只有不断坚持,学会调节自己,即使是狭窄小路,也能被我们走成康庄大道。

不要去和别人相比,因为你只为自己而活,你要做的就是在自己的成功路上不断奔跑。与人无争,与己有求。我们只有做好自己,才能在成功的路上走得更远。如果我们想让吸引力发挥巨大作用,就应该先认清自己,因为我们才是自己吸引力的缔造者。

找到自己的人生位置,确定好自己的人生目标,不管在什么时候,我们的人生都会充满自信。吸引力是我们由内而外散发出的磁场,而我们要做的就是行走在正确的路上,让吸引力发挥出最大的能量,只有如此,我们才能赢得成功。

吸引力法则

人生要学会自我估计,别人认为好的不一定就好,只有适合自己的才是最好的。放松自己,卸下内心的包袱,吸引力才会在我们的心底开出花来。我们常说,人生就是一个不断寻找的过程,但是寻找的道路是漫长的,我们要给自己留下喘息的时间。适当的喘息会为我们积蓄到更多的吸引力,只有如此,我们才能厚积而薄发。

如果我们暂时无法取得成功,却又想过安宁和放松的生活,我们的吸引力就会互斥,让我们无法静下心来奋斗。面对这种情况,我们要告诉自己不要着急,要学会放松,只有这样,我们的人生才不会迷失方向,而这一积极的心态,还会在一定程度上对我们吸引力进行良性刺激,促使其发展壮大。

04 幽默让吸引力更有魅力

在人际交往过程中,我们难免会遇到尴尬的事情,在这时,最有效的办法就是用幽默来调节气氛,从而摆脱尴尬局面。幽默是智慧的体现,在社交活动中尤其如此,一句幽默的话可以使冰河消融,可以让怒火消失,懂得幽默的人才是有生活情趣的人,而幽默更可以展现出一个人超强的人格魅力。

幽默是大智慧的体现,幽默技巧最能体现"给人留下回味的余地"这个特点。它往往以独特的视角和特有的方式来反映社会生活,让人在轻松愉快中明白你所说的话。

一天晚上,英国政治家约翰·威尔克斯和桑威奇伯爵在伦敦著名的牛排俱乐部共进晚餐。酒过三巡后,桑威奇伯爵带着醉意跟约翰·威尔克斯开玩笑说:"我常在想,你一定会死于非命,不是死于天花,就是被绞死。"威尔克斯立即回击说:"我的伯爵先生,那要看我是喜欢伯爵夫人还是喜欢伯爵了。"

还有一天,约翰·威尔克斯先生坐火车出差,他坐在车厢里很有礼貌地问坐在身边的一位女士:"我能抽烟吗?"女士很客气地回答:"你就像在家里一样好啦!"约翰·威尔克斯先生看看手里的那支香烟,只好把它装进烟盒,将烟盒重新放回衣袋里,叹了一口气说:"还是不能抽。"

约翰·威尔克斯先生以一种委婉的表达技巧,帮助自己把一些不想直说的话间接地表达出来,让听话的一方在作出延伸或深入判断之后,领悟出被他"藏"起来的那层意思。

在与人交往的时候,我们不能只是看到别人的缺点,也不能因为别人犯了一些过失就耿耿于怀。发生尴尬事情的时候,我们要学会替别人遮掩,而遮掩就需要我们的幽默的智慧。懂得幽默的人就会散发出吸引力,而幽默的吸引力会让人非常舒服,别人自然会愿意靠近你。可见,幽默智慧不仅可以缓解气氛,还可以维护对方的尊严,让对方重拾自信心,这样,不仅不会让自己多树敌,反而会结交到越来越多的朋友。

幽默是一种高雅的风度,它体现出了一个人的修养。幽默的人会给人一种如沐春风的感觉,而正是这种感觉会让别人发现你的人格魅力。幽默会形成吸引力的磁场,会让别人对你产生认同感,而这种认同感会让你在不知不觉间积累到越来越丰富的人脉。

幽默来源于我们乐观的心态,有幽默感的人从来不会缺少动力,因为他们知道,就算负面思想出现,那也只是暂时的,因为自己的思想是由自己把握的:想要幽默就能幽默,想要成功就会成功。

春秋战国时期,楚庄王十分爱马,甚至对马比对人还要好,这些马过的日子是常人难以想象的优越。它们的衣食住行都非常考究,住的是豪宅,睡的是大床,穿的是锦衣,吃的是枣肉,甚至还有一大批的奴才侍奉着它们。

这些马养尊处优习惯了,根本不会出去运动,其中有一匹马因为长得太肥而撑死了。这一下,楚庄王十分伤心,特意为这匹马举行了隆重的葬礼。不仅如此,他还让所有的大臣向死马默哀,用最好的棺椁安葬死去的这匹马。大臣们纷纷劝阻楚庄王不要这么做,但是楚庄王依旧我行我素,还非常气愤地下达命令:"谁要是再来劝阻我葬马,一律格杀勿论!"

优孟是官廷内的艺人,幽默诙谐,也是一个非常善辩的人。当他听说这件事的时候,径直闯进了皇宫,见到楚庄王就大哭了起来。楚庄王对他的举动感到非常吃惊:"你为什么哭得这么伤心?"

优孟说:"大王心爱的马死了,让我忍不住泪下沾襟。这匹马可是大王心爱的马啊!怎么可以用大夫的葬礼来安葬呢?这简直是对马匹的侮辱,应该用国君的葬礼才对啊!"

楚庄王一听感到非常欣喜,好像找到了真正的知音,就问优孟:"那你说,我应该怎么做呢？"

优孟回答说："我看，应该用美玉做马的棺材，然后发动所有的百姓为此马建造最华丽的坟墓，让所有的兵士为马匹保驾护航。等到出丧那天，让齐国和赵国的使节在前面开路，让韩国和魏国的使节护送灵柩。最后，还要追封死去的马为万户侯，为它建造祠庙，让每个百姓都供奉这匹马，让它的灵魂得到安息。这样一来，天下的人都会知道，大王爱马胜过爱自己。"

楚庄王明白过来了，顿时感到非常惭愧，他说："我难道真的这么重马轻人吗？我的错还真不小啊，那你说我今后该怎么做呢？"

优孟见楚庄王有所悔悟，自己的谏言取得了圆满成功，就诙谐幽默地说："那就太好办了，我说，应该用炉灶为椁，铜锅为棺，然后放进花椒大料等佐料，把火烧得旺旺的，把马肉煮得香香的。最后，填进大家肚子里就对了。"

一席话把楚庄王逗得哈哈大笑起来。

从此，楚庄王改变了原来的爱马方式，把那些养在厅堂里的马解放了出来，全都交给了将士们使用。那些马在沙场上得到锻炼，经历了风雨，变得更加矫健。

优孟的一番幽默言辞，不仅缓和了君臣矛盾，而且让楚庄王明白了自己的错误，立刻就把楚庄王重马轻人的恶习给改掉了。

幽默的人有着豁达的胸襟和丰富的内涵，他们说出的话都会有一种无形的感染力，而正是这样的话语不仅给他们自己带来了快乐，更给身边人带来了快乐。俄国著名作家契诃夫说："不懂得开玩笑的人是没有希望的人！"事实正是如此，幽默不仅能够提高我们的吸引力，让我们拥有好人缘，更可以把我们的思想很好地传递到别人的思想中，因为幽默，所以易接受；因为幽默，所以被认可。

> **吸引力法则**
>
> 　　在人际交往过程中，我们难免会遇到尴尬的事情，在这时，是有效的办法就是用幽默来调节气氛，从而摆脱尴尬的局面。幽默是智慧的体现，在社交活动中尤其如此，一句幽默的话可以使冰河消融，可以让怒火消失，懂得幽默的人才是有生活情趣的人，而幽默更可以展现出一个人超强的人格魅力。
>
> 　　幽默来源于我们乐观的心态，有幽默感的人从来不会缺少动力，因为他们知道，就算负面思想出现，那也只是暂时的，因为自己的思想是由自己把握的：想要幽默就能幽默，想要成功就会成功。

05 化繁为简，人生才能轻装上阵

　　世间万物多而杂，简而美。太过于追求，往往就会求而不得；所有事情，越是简单越接近于它的本来状态。我们需要这种删繁就简的生活方式，要学会分清主次，舍弃细枝末节的东西，这样，我们才可以轻装上阵。

　　化繁为简，不是退却，而是让我们卸下重担，让心灵获得更大的自由，心灵越自由，我们的人生目标才会越清晰，成功也会在前方不远处等着我们。人生就像一艘不断航行的朦胧巨舰，不管它行驶到哪里，它所能承载的重量都是有限的。我们要做的就是及时舍弃，这时，我们就会感觉到心底最真的轻松。

　　学会简单做事，化整为零，学会选择，学会取舍，我们的吸引力才会从心灵的缝隙中走出来，逐渐发展壮大，而我们也会因为心灵的简单、宁静，而离

吸引力旋涡：
遇见生命中的每个奇迹

成功越来越近。

我们总是不愿意舍弃一些东西，但是我们要知道有舍才有得，小舍小得，大舍大得。所以，我们要做的就是不要总是拘泥于一些小事情，要及时发现人生中最有价值的东西，随着时间的不断推移，我们人生积累的东西就会变得越来越多。

人生因为放弃而美丽，我们的心里装下的事情越少，我们就会越轻松，就会越有精力专心去最想做的事。宇宙原本就非常简单，就是由奇点不断膨胀、爆炸而形成的；世界也是如此，是以红黄绿三种原色为基础，从而变化出了一个五彩缤纷的世界。其实，我们想得越简单，我们的生活就会变得越简单；如果我们想得越复杂，我们的生活就会变得越复杂。

吸引力也需要一个心灵的舞台，才能得到最大限度地展现，而适当地为自己心灵减压，我们才能发现人生的美好。过于沉重的心灵，只会让我们产生负面情绪，会让我们的吸引力减弱，越是如此，我们的吸引力就越难展现出来。

在海边山脚的一条小路上，走来一个年轻人，他不远千里来到海边，只为到达大海对面的一个地方。年轻人把大大小小的箱子装到船上，就驾船出海了。他劈波斩浪，历经种种险象环生的航行，还是没能达到大海对面的那个地方。

有一天，极度疲惫的年轻人停下来休息的时候，遇见了一位智者。年轻人问："我是那样的执著、坚强，长期跋涉的辛苦和疲惫都难不住我，各种考验也没能吓倒我。我已疲惫到了极点，为什么还到不了我心中的目的地呢？"

智者看了看他的船舱问道："你的船里装的都是什么？"

年轻人说："它们对我可重要了。第一个箱子里面装的都是我必需的生活用品；第二个箱子装满我路上跌倒时的痛苦，受伤后的哭泣，孤寂时的烦恼；第三个箱子是我一路上搜集的金银珠宝。"

智者听完后淡淡地问道："过了河你是不是要扛着船赶路？"

年轻人很惊讶："扛船赶路？它那么沉，我扛得动吗？"

智者听完微微一笑，说："过河时，船是有用的，但过了河，就要放下船赶路呀。"

年轻人顿悟，他把第二个箱子丢掉了，顿觉心里像扔掉一块石头一样轻松。赶了一段路，他又把千辛万苦得到的珍宝全部扔到了海里，只把装有生活必需品的箱子留了下来。船轻快了许多，没用多长时间，年轻人就到达了目的地。

年轻人的故事告诉我们，我们对物质需求越低，心灵就会越自由，人生道路上的脚步就会迈得更轻快。我们不要因为走得太远了，而忘记了自己当初为什么而出发。如果我们把人想得太复杂，人就会变得复杂；如果我们把人想得简单，人就会变得简单，这就是吸引力的独特魅力。我们需要简单生活，需要学会放下，放下心灵的负累，这样，我们才能轻装上阵，一路前行。

我们希望生活是什么样子的，它就会是什么样子的，如果我们需要简单的东西，最好先让我们的心灵沉淀下来，只有这样，我们才会变得乐观，富有激情。我们不应随着时间的流逝而迷失掉自己的方向，我们自己才是人生的舵手，而生活永远不是。如果我们想让吸引力发挥出强大的魅力，就要及时把握好自己，不要让人世的喧嚣左右我们灵活的头脑，正因为如此，我们的人生才会变得精彩。

吸引力法则

世间万物多而杂，简而美。太过于追求，往往就会求而不得，所有事情，越是简单越接近于它的本来状态。我们需要这种删繁就简的生活方式，要学学会分清主次，舍弃细枝末节的东西，这样，我们才可以轻装上阵。

学会简单做事，化整为零，学会选择，学会取舍，我们的吸引力才会从心灵的缝隙中出来，逐渐发展壮大，为我们人生添砖加瓦，而我们也会因为简单而离成功越来越近。

06 不再挑剔，世界都会为你让路

金无足赤，人无完人，对世界的挑剔就是对自己的挑剔。我们每个人都有缺点，如果我们总是看到别人的缺点，总是挑剔的话，我们的吸引力就会被消极情绪所取代，而我们的吸引力也会变得暗淡无光，朋友也会越来越少，长此下去，我们就会变得孤独，鲜有朋友了。

没有人会喜欢挑剔的人，因为挑剔的人比较压抑，心胸狭窄，总是把自己的主观意愿强加到别人身上。己所不欲，勿施于人。挑剔的做法很容易把两个人之间的矛盾扩大化，变得再也无法调和了。如果我们总是拿着放大镜看人，看到的只会是别人的缺点，而且越看越大。我们需要的是朋友而不是敌人，如果我们总是拿着放大镜看人，那么，不管我们走到哪都是死胡同。

为什么有时候我们总会忍不住挑剔？最主要的原因就是我们太追求完美了，我们要知道，美到了极致就会变成丑。如果米洛斯的维纳斯没有断臂，没有这种缺陷美的话，它就不会成为稀世珍品。太过挑剔不好，其实，缺陷也是一种美。

世间万物都是既有好的一面，也有坏的一面，关键就在于我们选择从哪个角度去看。如果我们学会欣赏，善于从生活中发现美，那么，世界就是非常美好的；如果我们总是喜欢鸡蛋里面挑骨头，我们看到的世界就会是黑暗的，没有丝毫亮色。后者的人生将会是非常悲哀的，悲哀的不是世界的黑暗，而是他自己内心的黑暗。

明代洪应明在《菜根谭》中说："地之秽者多生物，水之清者常无鱼；故君子当存含垢纳污之量，不可持好洁独行之操。"身为君子应该有宽广的胸怀，有容人之量，当我们拥有了这样胸怀的时候，我们就会发现人世间的美好。

春秋时期，晋国国君晋献公昏庸无道、骄奢淫逸、祸国殃民。他为了宠幸骊姬，竟然不惜杀死了亲生儿子申生，立骊姬的儿子奚齐为太子。但就是这样，骊姬还是不满意，让晋献公派人追杀他的二儿子重耳。不得已之下，重耳逃到了翟国。重耳喜欢结交朋友，当时，在晋国的一群有德之士听说重耳去了翟国，就纷纷追随他而去。

公元前651年，晋献公去世。晋国大乱，为争夺王位而杀机四起。最后晋惠公夷吾得了地位。但是他想到了他的兄长仍然在外，就非常担心，便派人去翟国刺杀他。重耳听闻后只得又一次出逃，开始了四下逃亡的生涯。

公元前637年，晋惠公去世，晋怀公继承了王位。晋国的大夫栾枝就劝说重耳回到晋国来争夺王位，由他来做内应。这时，在秦国流亡的重耳在秦穆公的拥护下，时隔18年，再次回到了晋国的土地上。

回到晋国之后，重耳叫手下把逃亡时自己的随身物品全都扔到了河里，他觉得这些东西非常晦气。这时，狐偃就跪下说："现在公子有秦国军队护送，在晋国又有栾枝作为内应。我们这帮追随您多年的老臣就像你刚才扔到河里的旧衣物一样，也没有什么用处了，留在这里只会让公子厌烦，不如把我们也扔在这里吧！"

重耳一听，马上明白了狐偃的意思。于是，就吩咐手下把衣服打捞上来，并当即立誓道："如果我重耳能够夺回晋国，一定不敢忘了诸位。这些年大家对我的帮助，我一定牢记心上。"这样一说，狐偃等人才安心上了船。

第二年，重耳顺利登上了王位，成为了历史上著名的晋文公。

这时，一些身怀异心的晋国人怕重耳回国之后找他们算当年的陈年旧账，就密谋杀死重耳。当年追杀重耳的寺人披听闻此事，就想向重耳报信，却被重耳拒绝了。

寺人披说："我当初杀您，是奉了当时国君的命令。对主人命令不听从，是为不忠。但是现在您是我的主人，我理应为您效忠。如果您不接见我，当年得罪您的人就没有人再为您出力了。"

吸引力旋涡：
遇见生命中的每个奇迹

就这样，重耳才接见了寺人披。寺人披把叛乱者的阴谋和说了后，重耳非常惊讶，马上派人把叛乱者全都杀死了。

叛乱平定后，为了安抚人心，重耳宣布，自己虽然登上了王位，但对以前的事可以既往不咎。绝大多数人都不相信重耳竟然会如此宽容。

就在这时，一个当年背叛过他的人出现在了重耳面前。看到这个人，重耳生气极了，马上就想杀了他。但是这个人却说："我来见您，是为了让别人看见您宽容的举措。我曾经如此对待您，如果您能原谅我，别人自然就会相信您所说的话了，就没有人会担心再受到责罚了。"重耳觉得他说得很对，于是便宽恕了他。

经过这件事，晋国上下对于这位新国君渐渐生出了敬意。而晋国也在重耳的治理之下变得国富民丰，成为了中原的霸主。

如果重耳没有宽广的胸怀，是不会饶恕众人的，也不会闯出自己的一番伟业，更不会成为"春秋五霸"之一。

为人处世不在于横行无忌，而在于适当礼让，我们都喜欢谦和有度的人，而不是大肆张扬的人。为什么水会利万物而不争，就在于水觉得众生平等，没有好坏，所以，老子才会说，水的做法最像道家的做法。

吸引力需要的就是我们不能失去公允，不管对事还是对人，都应该多看到好的一面，这样，我们的人生才会变得美好，而吸引力也会因为我们的看法而变得更加强烈。不要多去苛责别人，因为他们就像你的一面镜子，你要做的就是找到自己的得与失，不要总是主观判断，多站在对方的角度去考虑，我们的人生才会变得精彩。

> **吸引力法则**
>
> 金无足赤，人无完人，对世界的挑剔就是对自己的挑剔。我们每个人都有缺点，如果我们总是看到别人的缺点，总是挑剔的话，我们的吸引力就会被消极情绪所取代，而我们的吸引力也会变得暗淡无光，朋友也会越来越少，长此下去，我们就会变得孤独，鲜有朋友了。
>
> 明代洪应明在《菜根谭》中说："地之秽者多生物，水之清者常无鱼；故君子当存含垢纳污之量，不可持好洁独行之操。"身为君子应该有宽广的胸怀，有容人之量，当我们拥有了这样胸怀的时候，我们就会发现人世间的美好。

07 平常心，让我们宠辱皆忘

平常心是一种心境，不管是对事还是对人，都要求我们不以物喜，不以己悲，要做到超然世外，不为俗事所累。正如佛法中所说，一个人只有抛开杂念，明心见性，看透名利，看破红尘，感到人生处处无碍，处处自在，这样的人才会拥有一颗平常心。

佛法中常说"跳出三界外，不在五行中"，强调的就是这样一种淡然的心态，不为俗事所累。不仅佛法中如此，尘世中亦然。如果我们总为得与失斤斤计较，整个人就会飘起来，就再也看不清脚下的道路了。人生难免会走错路，既然错了，不如就放下吧，以平常心去对待，让我们拥有一颗闲适的心，而平常心正是我们人生至纯的一种心境。

有人去拜访慧海禅师的时候，问他："禅师，您能成为禅师，和其他人有什么

吸引力旋涡：
遇见生命中的每个奇迹

不同的地方吗？"

慧海答道："有。"那人继续问哪里不同。

慧海继续回答说："我饿的时候就会吃饭，累的时候就会休息。"

那人非常奇怪："这有什么不同吗？我们每个人不都是这样的吗？"

慧海淡淡地说："世上的人很难做到一心一意，他们吃饭的时候，总是会想着其他事情；休息的时候也会做梦。而我吃饭的时候就是专心吃饭，睡觉的时候也只是睡觉，根本就不会被俗事所扰，这就是我和世人不同的地方了。"

不能做到一心一意，总是被俗事纠缠，只会让我们偏离轨道，越是如此，就越需要我们保持平常心。淡然处世，不为世事所累，拥有这样心境的我们才会让吸引力从心底发出芽来，不断生长壮大，最后，长成参天大树，吸引到越来越多的正面思想。

春秋战国时期，天下大乱，孔子主张以仁义治天下。为了宣传自己的主张，孔子周游列国，但却始终四处碰壁，有时候甚至被别人弄得非常狼狈，遭到周围人的嘲笑。但是，孔子不但不以为耻，反而从中学到了很多知识。

有一次，孔子到了郑国，因为人生地不熟，和弟子们走散了。孔子只得在城郭东门等候弟子们。

子贡打听孔子消息的时候，有个郑国人对他说："城郭东门有一个人，额头又扁又平，还非常大；脖子很长，肩膀又很窄，腰部以下非常短。整个人看起来非常狼狈，就像一条丧家之犬一样。"子贡非常生气，但是通过这个人的描述找到了孔子，子贡就把这些话说给孔子听。

孔子不怒反喜："外形之类的都是微不足道的细节，单说我像丧家之犬，他就说得很对啊！"

又有一次，孔子和自己的学生子路走散了。子路在路上遇到了一位老人，就作揖行礼问他："您看见孔夫子了吗？"

老者满脸的不屑神情："四体不勤，五谷不分。天下谁是夫子？我从来没见过这样的人。"

等到最后子路找到了孔子,就把路上的见闻和孔子说了。孔子说:"这人是个隐士啊!"于是就和子路去找这位老者,可是却再也找不到了。

孔子在晋国与小童项橐的故事更是意义深刻。

在去晋国的路上时,孔子被一个7岁的孩子拦住了去路,说要孔子回答两个问题,才能让他过去。

孩子的第一个问题是:"鹅的叫声为什么很大?"

孔子说:"鹅的脖子很长,所以叫声才会很大。"

那孩子又问:"青蛙的脖子很短,为什么它的叫声也很大呢?"

孔子无言以对,打算绕行。但是,这个孩子却当在路中央,不让孔子过去。孔子以为孩子的问题问完了,就说:"你不应该在路上玩耍,挡住我们的车,这样很危险!"

孩子不紧不慢地指着地上说:"老人家,您看这是什么?"

孔子知道,这是孩子的第二个问题。他顺着孩子的手指的方向看去,看见了用碎石头搭建起的一座城。

孩子对孔子说:"您这样说是不对的。应该是车给城让路,而不是城给车让路。"

孔子觉得这孩子很聪明,又懂得礼貌,就问他:"你叫什么名字?"

孩子说:"我叫项橐,今年7岁了。"

孔子微笑着点了点头。

后来孔子和学生们讲了这件事后,曾经非常惭愧地说:"在这件事情上,我不如这个7岁孩子!项橐7岁懂礼,他可以做我的老师啊!"

很多人失败之后,总是希望能东山再起,但是他们无法保持平常的心态,不是急于求成就是在失败的阴影中走不出来。保持平常心就要求我们要直面失败的打击,承担各种各样的压力。拥有一颗平常心是非常必要的,虽然"平常"二字说出来简单,但是想要获得它却是一件非常不平常的事情。

现代社会,生活节奏加快,各方面压力越来越大,拥有一颗平常心是非常必要的，它是我们为人处事时一种重要心境。只有拥有这样的平常心，我们的人生才会精彩，而吸引力也会在平常心下发挥出不平常力量。

> **吸引力法则**
>
> 平常心是一种心境，不管是对事还是对人，都要求我们不以物喜，不以己悲，要做到超然世外，不为俗事所累。正如佛法中所说，一个人只有抛开杂念，明心见性，看透名利，看破红尘，感到人生处处无碍，处处自在，这样的人才会拥有一颗平常心。
>
> 现代社会，生活节奏加快，各方面压力越来越大，拥有一颗平常心是非常必要的，它是我们为人处事时一种重要心境。只有拥有这样的平常心，我们的人生才会精彩，而吸引力也会在平常心下发挥出不平常力量。

08 你不是一个人在战斗

很多人失败之后总是说："我失败了！"语气中常常故意把"我"字咬得很重。我们不禁要问：你确定自己动用所有力量了吗？你的亲人、朋友是否帮助了你？如果没有，那么你的失败就不算失败，因为你仅仅认为你自己是一个个体，并不是一个团队！

俗话说："一个篱笆三个桩，一个好汉三个帮。"我们每个人都有属于自己的团队，而我们需要做的就是依靠自己的吸引力带动起他们，让我们和他们的吸引力产生共鸣，只有这样，我们的吸引力才会发挥到最大极限，就算失败了，也会觉得没有什么可以后悔的了。

一个人如果没有三五朋友，就会显得单薄无力。古人常说"朋友相交，贵在知心"，我们如果想要得到朋友，就应该交心，而交心不仅仅是停留在口头上，更要在行动中体现出来。如果想要和一个人成为朋友，光去想是不行的，要用吸引力去吸引对方，同气相求，有了彼此的吸引，人与人之间就自然会建立起深厚的友谊。

心理学上说："当一个人遇到困难的时候，他的潜意识就会产生一种'喜欢自己'的心理。"喜欢自己就会延伸为喜欢和自己价值观、人生观比较相似的人，这时，我们的心里就会感到非常需要这样的朋友。相同的朋友就会有相同的吸引力，而这些吸引力经过双方的相互吸引就会产生共鸣，而这种共鸣为我们带来的就是团结的力量，而这种力量不仅会影响到我们，还能让我们对成功产生一种强大的吸引力，为我们的未来铺平道路。

不要总强调"你"、"我"、"他"等单一个性的词语，我们更应该强调"你们"、"我们"、"他们"，因为我们是一个集体。一根绳子的承受能力是很小的，但是千千万万绳子拧在一起，就会形成一股强大的力量，而这种力量正是带领我们走向成功的最坚实保障。

我们每个人的手上都有5个兄弟，他们分别是：大哥（大拇指），二哥（食指）、三哥（中指）、四哥、（无名指）、五弟（小指）。这5个兄弟各有分工，非常团结，每天都能好好完成自己的工作。但是时间一长，5个兄弟的心理就发生了变化，他们每一个都认为自己的功劳最大，每天的工作全是自己的功劳，就这样，矛盾逐渐激化，变得一发而不可收拾了。

大哥（大拇指）说："我每天都要带领你们早出晚归，为你们提供服务，所以，我的本领最大了。"

二哥（食指）听完之后，不干了，说："你虽然是带领我们，但是你的分工明显有不当之处，等到你出问题了，所有的事都是我帮你顶着，所以，我的本领才是最大的。"

三哥（中指）听了，非常伤心地说："你们两个倒是悠闲了，每天只是分工协

吸引力旋涡：
遇见生命中的每个奇迹

作，指挥我们，但为什么要把脏活累活都推到我身上，难道就因为我体型修长优美？"

四哥（无名指）笑道："你累那是你自找的，你看我，管理外交可以一把手，做得又快又好，所以，我的本领是最大的。"

五弟（小指）看到四个哥哥为了谁本领大争论不休，如果自己不争就会为被他们比下去。于是，五弟也加入了这场战斗，争着说自己本领最强。

五兄弟争来争去，谁也不肯做出让步。这时，人说话了："你们不要再争论了，谁能捡起地上的皮球，谁的本领就是最大的。"

五根手指争先恐后地去捡，但是，不管他们怎么努力，都无法捡到皮球。

这时，人又说话了："你们团结起来，劲往一处使试试！"五兄弟齐心协力，轻轻一拿，皮球就被拿起来。事后，五兄弟终于明白了，团结就是力量。

正所谓"同心山成玉，协力土变金"，成功需要的是团结的力量，只有懂得团结的人，才会明白团结对于我们的重要性。如果我们只是一个人去做事，看起来是多么弱小啊！只有多团结朋友，依靠大家的力量，才能做成不可能的事情。

人生的道路不是单个人就能走成的，而是需要我们一起努力，团结起来，才能开疆裂土。正因为有众人拾柴，我们的吸引力才会在众人的吸引力之下越烧越旺。梦想之所以明媚动人，是因为我们上下一心，一起执著地向前奋进。相互协作会让我们的人生变得精彩，而岁月的年轮也会随之不断刻上吸引力的烙印，永远不会消散，而我们也终将会向成功不断迈进。

> **吸引力法则**
>
> 心理学上说："当一个人遇到困难的时候，他的潜意识就会产生一种'喜欢自己'的心理。"喜欢自己就会延伸为喜欢和自己价值观、人生观比较相似的人，这时，我们的心里就会感到非常需要这样的朋友。
>
> 人生的道路不是单人就能走成的，而是需要我们一起努力，团结起来，才能开疆裂土。正因为有众人拾柴，我们的吸引才也会在众人的吸引力之下越烧越旺。梦想之所以明媚动人，是因为我们上下一心，一起执著地向前奋进。相互协作会让我们的人生变得精彩，而岁月的年轮也会随之不断刻上吸引力的烙印，永远不会消散，而我们也终将会向成功不断迈进。

09 带上快乐，让我们奔向幸福的前方

荷兰哲学家斯诺宾莎说："快乐不是美德的报酬，而是美德本身。"快乐是一种美德，因为快乐会自修身心，感动他人。人生不是因为锦衣玉食而快乐，而是因为内心纯净，放下生活的负累而轻松快乐。

有一个卖早点的摊子，摊子的主人是一个长相普通的中年男人，是那种把他丢到人海中就很难再找出来的人。但是，他每天早晨卖早点的时候，却总有很多人来买，人多的时候，竟然会排起十几人的队伍。而隔壁还有一个早点摊，和他卖的一样，但为什么却无人问津呢？

原来，长相普通的人非常和善，收到别人一块钱就好像收到别人一百块钱一样，总是开怀大笑，千谢万谢。他的快乐情绪感染到了所有买早点的人，而就是这样的快乐情绪才让他的生意如此之好。

吸引力旋涡：
遇见生命中的每个奇迹

快乐会形成大范围的吸引力的磁场，就像卖早点的中年人，每天总是乐呵呵的。他的生活无比精彩，虽然他没有别人有钱，但是他比别人快乐，他拥有的快乐就是强大的资本，他可以比别人快乐，比别人有吸引力，而正是快乐的吸引力为他带来了越来越多的财富。

快乐是最有具魅力的，它可以让我们抛却烦恼，重拾信心，让彩虹永远在我们的心底绽放。生活总是苦多乐少，越是如此，就越需要我们自己寻找快乐。快乐其实很简单，心灵越简单，生活需求越少，我们就会越快乐。人生在世，百岁光阴，与其每天痛苦悲伤，我们何不选择每天快乐地生活呢？

春风满面、谈笑风生的人永远不会遭到别人拒绝，谁不想活出有滋有味的人生，享受有滋有味的天伦？人生有穷尽，但是快乐却无穷时。只要我们需要快乐，想要得到快乐，就应该及时摒弃所有。

有一群年轻人，他们总感觉自己不快乐，于是，就到处寻找快乐，但是越是寻找，却越是找寻不到，反而遇到了很多负面情绪，悲伤、忧愁、痛苦等接踵而至。无奈之下，他们就跑过来向苏格拉底请教。

"老师，我们苦苦追寻快乐好久，却总是追寻不到，快乐到底在哪里呢？"这群年轻人问道。

苏格拉底并没有直接回答，而是淡淡地说："你们不要着急，先帮我造一条船吧！"

年轻人听说要造船，就把寻找快乐的事情放到了一边，找来了造船的工具，用了整整七七四十九天，终于锯倒了一棵大树，把树心挖空了，最后，终于造好了一条独木舟。

年轻人把独木舟推到了水里，请苏格拉底上舟。年轻人一边合力划舟，一边唱起歌来。苏格拉底笑着问："孩子们，你们现在快乐了吗？"

年轻人非常开心："非常快乐！"

苏格拉底说："其实，快乐就是这么简单，当你专心于某件事的时候，它就会突然到来。"

无独有偶，曾经有一名少年去向智者请教问题："我怎么样才能变得快乐，并且能把自己的快乐带给别人呢？"

智者只说了四句话："把自己当成别人，把别人当成自己，把别人当成别人，把自己当成自己。"

少年思悟良久，终于真正明白了这四句话的深刻含义，开始了自己新的生活。后来，他也成为了一位智者。

春天可以让鲜花绽放出动人的笑容，快乐也可以让我们绽放出迷人的笑容。岁月无情人暗换，而只有快乐永远驻扎在我们心间，永远不会消退。我们无权选择人生的终点，但是我们可以选择内心的感受，只要我们感觉到快乐，我们的人生就会受到快乐的感染，变得非常快乐。

人生的每一步都会有事情发生，随时随地都会面对问题，这正是人生对我们的一种考验。如果我们只会烦恼，只会悲伤的话，我们的人生就会被悲观的情绪所吸引，而我们的世界也会因此变得一片黑暗；如果我们拥有快乐，人生就会被快乐所吸引，做起事来也会变得非常快乐，处理事情也就会变得得心应手了。

如果苦难来袭，我们要学会忍让，学会用豁达的胸襟和心中的快乐去迎接。海洋中生活的鱼不会因为一点点风浪而惊慌失措，而小河中的鱼只要受到一点异动，就会感觉如临大敌，惊恐万状。我们要做的就是海洋中的鱼，要学会快乐，学会用最好的状态来迎接崭新的人生。

快乐是无价的，吸引力因为快乐而变得永恒。我们不需要苦苦去追寻什么，其实，我们内心的澄澈才是我们最好的生活，用心去生活，用心去体会，快乐才会在我们心灵中不断生长，而吸引力也会在快乐的滋养下，变得活力无限。

吸引力旋涡：
遇见生命中的每个奇迹

吸引力法则

荷兰哲学家斯诺宾莎说："快乐不是美德的报酬，而是美德本身。"快乐是一种美德，因为快乐会自修身心，感动他人。人生不是因为锦衣玉食而快乐，而是因为内心纯净，放下生活的负累而轻松快乐。

快乐是无价的，吸引力因为快乐而变得永恒。我们不需要苦苦去追寻什么，其实，我们内心的澄澈才是我们最好的生活，用心去生活，用心去体会，快乐才会在我们心灵中不断生长，而吸引力也会在快乐的滋养下，变得魔力无限。